PLANS PRATIQUES CONTY

2 Fs

Le Cyclo-Touriste

en

ALGÉRIE

12, RUE AUBER, 12

PARIS

GUIDE PRATIQUE

du Cyclo-Touriste
et de l'Automobiliste
EN ALGÉRIE

Publié sous le patronage
Du Touring-Club de France

Le Sahel d'Alger, la Kabylie
et les
Massifs du Petit-Atlas et du Djurdjura

PARIS

ADMINISTRATION DES GUIDES CONTY

12, Rue Auber (IXe Arr.)

Vue générale d'Alger.
Phot. Leroux, 26, rue Bab-Azoun, à Alger.

Préface

Il n'existe aucun guide pour le touriste voyageant en Algérie à bicyclette ou en automobile. L'unique document à sa portée : la carte de l'État-major au 50.000^e (celle éditée au 200.000^e est loin d'être terminée) est excellente, mais elle n'est point à jour. Nombre de routes et chemins construits depuis son édition n'y figurent pas.

D'autre part, ce mode de documentation est très coûteux, car chaque feuille n'embrasse qu'une étendue de 32 kilomètres sur 20, et par suite, nécessite une collection très complète de ces cartes, constituant un bagage trop embarrassant pour le cycliste.

Nous avons pensé qu'il serait utile de créer une source de renseignements plus appropriée aux besoins du Cyclo-touriste et nous avons réuni dans ce petit volume tous les documents et renseignements recueillis pendant de nombreuses excursions faites ces dernières années, ainsi que ceux que MM. les Ingénieurs des Ponts et Chaussées ont bien voulu nous fournir pour la publication de ce guide.

Le TOURING CLUB DE FRANCE a bien voulu accorder à ce petit volume son haut patronage.

Nous ne saurions trop recommander à nos lecteurs notre Guide ALGÉRIE — TUNISIE que nous venons d'éditer et qui renferme tous les renseignements possibles concernant ces deux pays. Ce volume, illustré de nombreuses gravures et renfermant une grande quantité de cartes et plans, est en vente partout au prix de 5 francs.

GUIDES CONTY

NOTA. — Lire toujours en entier le texte d'une excursion avant de l'entreprendre.

GUIDES PRATIQUES CONTY

12, RUE AUBER, 12

Paris (IX⁰ arr.)

ÉDITION FRANÇAISE

Guides pour la France

Paris en Poche	2 50	Le Centre	3 »
Environs de Paris	2 50	Bords de la Loire	2 50
Réseau du Nord	3 »	Les Pyrénées	2 50
Réseau de l'Est	2 50	Paris-Marseille	2 50
Réseau de l'État	2 50	La Méditerrance	2 50
Normandie	2 50	Aix-les-Bains	2 50
Bretagne-Ouest	2 50	Vichy en Poche	1 50
Basse-Bretagne	2 50	Rouen et le Havre	1 »

Algérie et Tunisie.................. 5 fr.

Plans Pratiques Conty

La Clef de Paris............... **1** fr.

Le Cyclo-touriste en Algérie...... **2** fr.

Publié sous le patronage du TOURING CLUB DE FRANCE

Le Petit Poucet........ (Nouveau plan)

Guides pour l'Étranger

La Belgique	3 »	Londres en poche	2 50
La Hollande	3 »	Suisse circulaire	3 »
Le Luxembourg	1 50	Haute-Savoie et Valais	3 »
Bruxelles	1 »	Suisse orientale	2 50
Spa	1 »	Engadine	2 50
Ostende	1 »	Bords du Rhin	2 50

Guide Franco-Américain pour les États-Unis........ 3 fr.

ÉDITION ANGLAISE

Pocket-Guide to Paris	2/6	Paris to Nice	2/6
Environs of Paris	1/6	Belgium	2/6

En vente partout. — *Envoi contre mandat ou bon
de poste adressé à l'Administration des*
GUIDES CONTY, 12, rue Auber, Paris (IX⁰)

TABLE DES MATIÈRES

PREMIÈRE PARTIE

Le Sahel et la Mitidja.

PAGES

Itinéraire n° 1. d'Alger à Cherchel par le bord de la mer . . . 9

— 2. de Cherchel à Boufarik par Koléa (Tombeau de la Chrétienne) 12

— 3. d'Alger à Zéralda par Douëra et Mahelma . . . 14

— 4. de Mahelma à Boufarik par Saint-Charles . . . 16

— 5. d'Alger au Couvent des Trappistes de Staouëli . 16

— 6. de Chéragas à Guyotville 17

— 7. d'Alger à Alger par Belcourt, le château d'Hydra, Dely-Ibrahim, Chéragas et Guyotville . 17

— 8. d'Alger à Aïne-Taya-les-Bains par le Fort de l'Eau, retour par Rouïba 18

— 9. d'Alger à Alger par Birkadem, Saoula, Crescia, Douëra, Dely-Ibrahim et El-Biar 20

— 10. d'Alger à Sidi-Ferruche 21

— 11. de Blida à l'Alma 22

— 12. d'Alger aux Gorges de Keddara par l'Arbatache, retour par l'Alma 23

— 13. d'Alger aux Eaux chaudes de Hammam-Melouan par Maison-Carrée, retour par Kouba 35

DEUXIÈME PARTIE

Les massifs du Petit-Atlas.

— 14. Alger, Blida, les Gorges de la Chiffa, Médéa . . 27

— 15. d'Alger à Miliana par Hammam-Rhira 30

PAGES

— 16. de Miliana à Teniet-el-Hâad.   33
— 17. d'Alger aux Eaux chaudes de Hammam-Rhira.   34
— 18. d'Alger à Aumale par les Gorges de Sakamody   35
— 19. d'Aumale à Bouïra par Aïn-Bessem   37

TROISIÈME PARTIE

La Kabylie et le massif du Djurdjura.

Itinéraire n° 20. d'Alger à Menerville   40
— 21. de Menerville à Haussonviller   41
— 22. de Haussonviller à Dellys et Tigzirt   42
— 23. de Haussonviller à Tizi-Ouzou   44
— 24. de Tizi-Ouzou à Bougie par les grandes forêts   45
— 25. de Tizi-Ouzou à Fort-National   51
— 26. de Fort-National à Maillot par le col de Ti-
      rourda.   54
— 27. de Menerville à Palestro   61
— 28. de Palestro à Maillot.   62
— 29. de Bougie à Sétif par les Gorges du Chabet-
      el-Akra   63
— 30. de Maillot à Bougie par la vallée de la Sou-
      mam.   67
— 31. de Sétif à Kerrata par Aïn-Abessa   69
— 32. de Sétif à El-Kseur   71

Explication des mots arabes et kabyles rencontrés dans le texte.

Djemâa   bâtiment où se réunissent les kabyles (sorte de mairie).

Mechta,   village arabe.

Marabout,   petit bâtiment en pierres brutes ou même simplement des pierres placées en tas, formant un petit cône, lieu sacré par le souvenir d'un marabout ou saint.

Irzer, Igzer,   ruisseau de montagne, petit torrent.

Chabet,   ravin, torrent.

Oued,   rivière.

Tala, Aîne,   source.

Adrar,   chaîne de montagne.

Azrou,   sommet.

Kef,   pic, rocher isolé.

Djebel,   montagne.

Iril,   crête.

Koudiat,   grande colline.

Aguemoun,   versant de colline.

Teniet, Tizi,   col.

Bir,   puits.

Explication des signes portés sur les profils.

 Embranchement de chemins.

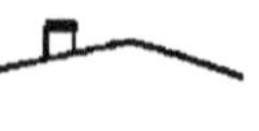 Villages et Centres français.

 Auberge.

Pont.

 Village indigène ; Café maure.

 Station de chemin de fer.

Passage à niveau de chemin de fer.

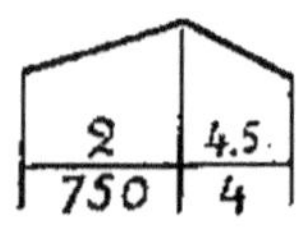 Montée de 2 centimètres par mètre sur une longueur de 750 mètres, suivie d'une descente de 4 centimètres et demi par mètre sur une longueur de 400 mètres.

Nota. — Quand, à la place du chiffre des centimètres, on voit : *ond.* qui est l'abréviation de : ondulations, cela indique que sur la longueur inscrite en dessous règne une série ininterrompue de petites montées et descentes trop courtes pour pouvoir être figurées.

———

Note importante. — *Pour tous les renseignements sur les hôtels, cafés-restaurants, ainsi que pour l'historique des villes, la description des sites, etc., consulter notre guide* **Algérie-Tunisie,** *en vente partout, Prix :* **5** *fr.*

1° Les environs d'Alger, Le Sahel et la Mitidja

1. D'Alger à Cherchel
par le bord de la mer ;
(route Malakof et chemin de gr. com. n° 3).
96 kil.

On sort d'Alger par l'ancienne *Porte Bab-el-Oued*, on longe la plage, le *Fort des Anglais*, le cimetière et on arrive à **Saint-Eugène** (3 kil.) ; la route ondulée laisse à droite *le Plateau*, la partie la plus récente de Saint-Eugène et passe aux *Deux Moulins,* où est une gare et un dépôt du chemin de fer sur routes de *Rovigo* à *Koléa*. Au tournant après les Deux-Moulins il faut s'arrêter pour admirer la célèbre « tête romaine », sculpture naturelle de 25 mètres de hauteur que l'on aperçoit au loin, en face ; c'est un promontoire, figurant une tête tournée vers le Nord et dont le corps plongerait dans la mer. On arrive ensuite à la

Pointe-Pescade, 6 kil. *Mers-el-Deban (le port des Mouches) ;* sur la presqu'île trois vieilles batteries turques de 1671, l'une d'elles est littéralement suspendue sur l'abîme ; plus loin à dr., une tour ruinée, restant d'une ancienne saline et à g. contre la colline, les ruines d'un ancien bordj arabe. On passe ensuite successivement aux *Bains Romains*, à la pépinière d'*Aïne-Baïnem* et devant le phare du *Cap Caxine*, phare élevé de 64 mètres au-dessus de la mer, c'est un feu de première classe. La route contourne ensuite le *Grand Rocher* et arrive à

Guyotville (15 kil.), station du chemin de fer sur route. A 2 kilomètres de Guyotville existe un groupe de *Dolmens* au nombre de 30, semblables à ceux de la Bretagne, on y a trouvé un grand nombre de haches et de flèches en silex.

Staouëli (21 kil.), station. Après ce village, et au point kilométrique : 24 k. 700, tourner à droite (chemin de grande com.

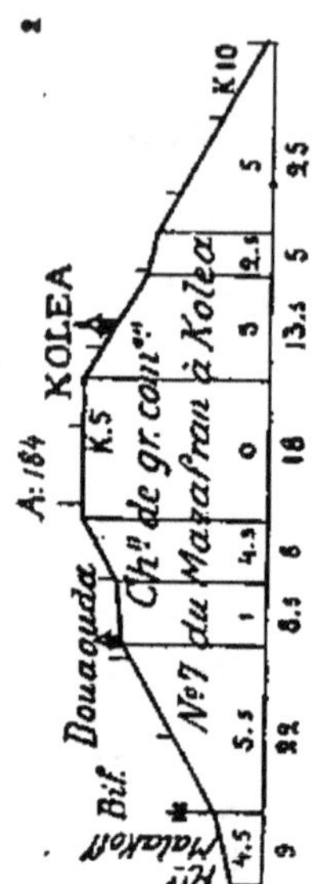

n° 3) et laisser 200 mètres plus loin, le chemin de *Sidi-Ferruche* à droite ; route plate jusqu'à *Zéralda* (28 kil.), village sans ressources pour le cycliste. On franchit au 33e kilomètre, l'*Oued Mazafran* sur un pont en fer ; 800 mètres plus loin on tourne à dr., laissant la route de *Koléa* à gauche. *Nous donnons ci-contre le profil de cette route conduisant à Koléa, pour les cyclistes désirant s'arrêter dans cette petite ville, située à 6 kil. de l'embranchement.*

Après avoir passé successivement devant l'ancien établissement *d'élevage d'autruches*, et les hameaux de *Boufarik-les-Bains* et de *Fouka-Marine*, on atteint

Castiglione (45 kil.), ancien *Bou-Ismaël*, (station estivale) possèdant une superbe plage.

Après ce centre, une série d'ondulations conduisent le touriste à *Bérard*, petit village insignifiant, puis à

Tipaza (68 kil.), bâti dans un site charmant, au pied du mont *Chenoua* et à l'embouchure de l'*Oued Nador*. Ruines très curieuses, vestiges d'une ancienne ville romaine, dont les édifices ruinés, thermes, temples, amphithéâtre, fontaines, maisons et remparts jonchent le sol de tous côtés. Visiter le jardin de la propriété *Trémaux*, qui contient un grand nombre de fragments d'architecture et de sculpture.

En sortant de Tipaza, le cycliste tourne le dos à la mer en suivant le cours de l'*Oued Nador*, que la route franchit au pied du village de *Nador* (appelé aujourd'hui *Desaix*), 74 kil. Après ce petit centre sans aucune ressource, la route monte pendant 5 kil., puis redescend rapidement au pont de l'*Oued El-Hachem*, où elle rejoint la route de Cherchel à Marengo.

A ce point il faut tourner à droite, la route est plate, puis ondulée. Remarquer les restes d'un superbe aqueduc romain traversant les collines à gauche de la route. (Voir ci-dessous les profils des parties mouvementées entre Tipaza et Cherchel).

Cherchel (96 kil.), cette petite ville est bâtie sur un plateau, entre le massif du mont *Chenoua* (900 m. d'alt.), une falaise et une chaîne de collines aux pentes rapides, surmontée par les montagnes qu'habite la tribu des *Beni-Menasser*.

La petite colonie romaine, sur l'emplacement de laquelle est bâtie la ville de Cherchel, et qui est mentionnée au IVe siècle avant J.-C., s'appelait Iol. L'empereur Auguste, Juba II qui y résida, en fit une grande ville (23 ap. J.-C.).

A visiter les importantes ruines datant de cette époque, temples, thermes, théâtres, cirques, palais de Juba, etc.

Nous engageons les touristes à rendre visite à M. le commandant *Archambeau*, infatigable chercheur et archéologue distingué qui possède une magnifique collection d'objets divers, trouvés dans les fouilles faites dans sa propriété, mosaïques, bijoux, pièces de monnaies, poteries, bustes, etc. La propriété de M. Archambeau est] située à 1.500 mètres de la porte de Ténès.

Consulter notre guide *Algérie-Tunisie,* en vente partout.

Prix : 5 fr.

2. De Cherchel à Boufarik
par Kolea et le Tombeau de la Chrétienne.
83 kil.

Au sortir de Cherchel on revient sur ses pas jusqu'à l'embranchement du chemin de Nador (13 kil., qu'on laisse maintenant à gauche, pour traverser 2 kilomètres plus loin le petit village de *Zurich* (15 kil.). La route très bonne et pittoresque traverse la petite vallée de l'Oued-el-Hachem. Sauf la montée de 2 kilomètres de l'Oued-el-Hachem, la route est plate ou légèrement ondulée.

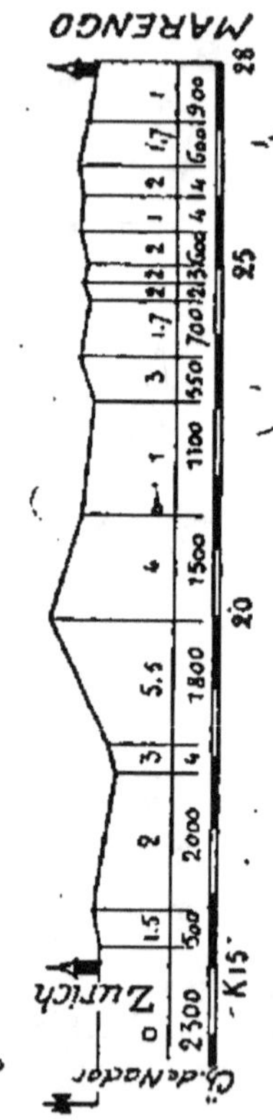

Marengo (28 kil.), centre important, station du chemin de fer sur route de Marengo à El-Affroun. On sort de cette localité par la rue qui traverse la grande place et se dirige vers le nord ; au bout du village est une fourche de deux routes, prendre la branche droite (celle de gauche conduit à Nador).

Montebello (40 kil.), petit village insignifiant et sans ressources. Laisser la bicyclette dans un des deux débits, s'entendre avec un gamin arabe pour se faire conduire, à travers la brousse au *Tombeau de la Reine* (ou tombeau de la chrétienne), l'ascension de la colline ravinée et couverte d'épaisses broussailles dure une demi-heure. Le curieux monument est élevé au sommet de la colline (260 m. d'alt.). Il se découvre de divers côtés et se voit de très loin. Le monument a encore actuellement une hauteur de 33 mètres. Formant un cylindre énorme sur une base carrée de 64 mètres de côté, il est construit de belles pierres de taille de fortes dimensions ; ce monument qui domine la contrée, permet de jouir d'un magnifique panorama sur la plaine de la *Mitidja* et sur la Méditerranée.

Les blocs sont disposés en assises très régulières, la partie cylindrique est ornée de soixante colonnes en saillie, mais faisant corps avec la masse et supportant une corniche d'un profil assez simple. Aux quatre points cardinaux se dressent quatre fausses portes monumentales. Ce monument a été longtemps une énigme, l'entrée en était inconnue, ce n'est qu'en 1866 et après des fouilles régulières que l'on découvrit la véritable entrée ainsi que la galerie en spirale conduisant au caveau du centre. (Consulter notre guide *Algérie-Tunisie*, en vente partout. Prix 5 francs.)

La descente à Montebello s'effectue en un quart d'heure, on suit ensuite une belle route, très ondulée, passant par les villages de peu d'importance d'*Attatba* (53 kil.) et de *Berbessa* (62 kil.), puis on arrive au pied de la montée de *Kolea* (voir le profil n° 2, page 10), longue de 4 kilomètres.

Kolea (67 kil.), petite ville, bâtie au milieu de vergers étendus. Elle a perdu son cachet pittoresque depuis l'occupation, en 1850. Visiter le *Jardin des Zouaves*. On quitte Kolea par la grande route, conduisant en forte pente de 3 kilomètres, au pied de la colline et au pont du *Mazafran*. 300 mètres après ce pont on quitte la route, pour prendre à gauche le chemin vicinal de Kolea à Boufarik qui joint après un parcours de 10 kilomètres le chemin de grande communication de Mouzaïaville à la Ressauta et conduisant à

Boufarik (83 kil.), centre très important, célèbre par les travaux d'assainissement qui ont seul permis l'occupation. Boufarik a été longtemps le tombeau des colons que décimaient des fièvres implacables. C'est aujourd'hui une des localités les plus florissantes de la plaine de la Mitidja. Il s'y tient le marché le plus important de la contrée. (Consulter notre guide *Algérie-Tunisie*, en vente partout. Prix : 5 francs.)

3. D'Alger à Zéralda

par Douëra, Mahelma
et la petite forêt de Saint Ferdinand.

39 kil.

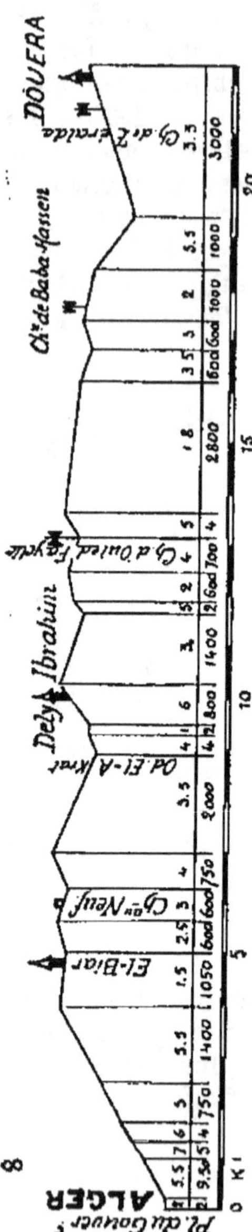

En partant de la place de la République, on monte la rue Dumont-d'Urville, la rue Henri-Martin, la rue Rovigo, dont les nombreux tournants et lacets sont assez pénibles, et on sort d'Alger par la *Porte du Sahel*. Peu après, on arrive au point où, de la gauche de la route, part un petit chemin de traverse, conduisant au 4ᵉ kilomètre (point culminant) en passant derrière le *Fort l'Empereur*.

El-Biar (5 kil.), charmant village et réunion de somptueuses villas d'été. Au 6ᵉ kilomètre, on laisse à sa droite le *Château-Neuf* et la route de Kolea par *Chéragas* et *la Trappe*. On tourne à gauche, la route passe devant le *Petit Lycée de Ben-Aknoun* 7 kil.), descend aux *Deux-Bassins* et remonte à partir de l'*Oued Akrat* (9 kil.), à

Dely-Ibrahim (18 kil.), petit village de peu d'importance. A l'extrémité du village, tourner à gauche (descente). Un peu avant le kil. 14 laisser à droite le chemin d'*Ouled-Fayette* et au kil. 18 celui de *Baba-Hassem* à gauche. Au kil. 21.7, à l'entrée même de Douëra s'embranche, à droite, la route de Mahelma et de Zéralda.

Douëra (22 kil.), village important qui domine la Mitidja. Pour continuer cet itinéraire il faut revenir à l'entrée du village, et tourner à gauche (chemin de gr. com. n° 13 de Maison-Carrée à Zéralda). Après la borne kil. 20, laisser à droite le chemin de *Saint-Ferdinand* ; on passe peu après sous le village de *Saint-Amélie* (28 kil.), et on arrive à

Mahelma (31 kil., borne kil. 29), beau panorama. De Mahelma on descend en pente ininterrompue, en passant par la petite *forêt de Saint-Ferdinand*, au village de

Zéralda (38 kil.). On peut revenir de cette localité à Alger en suivant une partie de l'itinéraire n° 1, p. 9.

Ne voyagez pas

sans

les GUIDES CONTY

4. De Mahelma à Boufarik

par Saint-Charles.

16 kil.

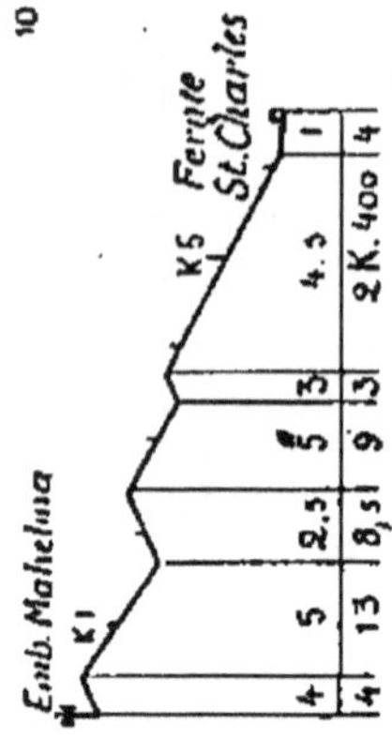

De *Mahelma*, on peut gagner *Boufarik* en passant par la ferme *Saint-Charles*.

Dans ce cas on prend le chemin qui, avant l'entrée de Mahelma, s'embranche sur la gauche. Bonne route avec vue continuelle sur la plaine de la Mitidja. Arrivé à *Saint-Charles* (7 kil.) on tourne à droite (mauvaise route) et on trouve 600 m. plus loin un chemin s'embranchant à gauche qui conduit droite à *Boufarik* (Les premiers 500 mètres de ce chemin, aux environ des bâtiments de la ferme Saint-Charles, sont mauvais, le reste est bon.)

5. D'Alger au Couvent des Trappistes de Staouëli

Retour par El-Biar.

44 kil.

Pour cette promenade il faut] reprendre l'itinéraire n° 1 (page 9) jusqu'à la borne kil. 21, placée un peu avant l'entrée du village de Staouëli ; là part à gauche de la route un chemin direct (2 kil. 500) qui n'est pas une route très belle, parfois même assez mauvaise, mais qui présente l'avantage d'abréger considérablement le trajet et d'éviter au cycliste la montée de la route de Kolea vers Chéragas.

Le Couvent des Trappistes de Staouëli (23 kil. 500) est à visiter; on y trouve une large hospitalité et un excellent déjeuner maigre, arrosé de vins vieux. (Consultez notre guide *Algérie-Tunisie*, en vente partout. Prix : 5 francs.) En sortant du couvent on prend à gauche la route départementale d'Alger à Koléa qui conduit à

Chéragas (32 kil.), de ce village descente presque continue, sauf quelques ondulations, jusqu'à

El-Biar (39 kil), puis à Alger en forte pente sur 5 kil. (Voir le profil n° 8, page 14.)

6. De Chéragas à Guyotville

6 kil. 800.

De Chéragas, on peut gagner Guyotville par une jolie et agréable route, partie en pente (la majeure partie), partie en rampe. Prendre à 300 mètres de l'extrémité de Chéragas (côté Koléa) le chemin qui s'y embranche sur la droite.

7. Alger, Belcourt, Château d'Hydra, Dély-Ibrahim, Chéragas, Guyotville, Alger

39 kil.

Sortir d'*Alger* par la rue de Constantine, traverser l'*Agha inférieur* et *Mustapha* (payé 3 kil.) prendre au *Champ de manœuvre* tout droit, passer devant le Vélodrome et traverser Bel-

court jusqu'à l'*Avenue des Mûriers*, la monter et gagner (à pied) le cimetière de Mustapha (route très dure), le traverser. A ce point, un panorama superbe s'offre aux yeux émerveillés du touriste, panorama s'étendant sur toute la baie d'Alger, sur les côteaux verdoyants de Mustapha supérieur et Alger d'un côté, et sur Maison-Carrée, le Fort de l'Eau et le Cap Matifou de l'autre. Au delà du cimetière, un chemin ombragé et parfumé de fleurs conduit en ondulation à travers le *Bois de Boulogne* à la **Colonne Voirol** (7 kil.), quartier de la colonie anglaise. Prendre ensuite le chemin qui descend (à gauche) devant la Gendarmerie nationale, puis remonter, après quelques cents mètres, en rampe très dure au *Rocher coupé, Château d'Hydra*. 1.200 mètres plus loin, on laisse à sa gauche le chemin de *Birkadem*, et tournant à droite, on suit un petit chemin vicinal (médiocre) ascendant sur 1 kilomètre, qui conduit à la route départementale n° 3 d'Alger à Blida, juste en face du portail du *Petit Lycée de Ben Aknoun* (10 kil. 600) de ce point à *Dely-Ibrahim* (voir l'itinéraire n° 3 et profil n° 8, page 14) ; arrivé devant l'église de cette localité, monter le raidillon à droite de l'église, puis en haut, tourner à droite (chemin d'intérêt commun n° 11 de Birtouta à Guyotville), descente en pente douce (3 °/₀ jusqu'à *Chéragas* (18 kil.), traverser le village et suivre l'itinéraire n° 6 (p. 17), puis l'itinéraire n° 1 (p. 9), *Guyotville* (25 kil.), *Alger* (39 kil.).

8. D'Alger à Aine-Taya-les-Bains, par le Fort de l'Eau

Retour par Rouïba.

65 kil.

On sort d'Alger par la rue de Constantine, puis on traverse l'Agha et Mustapha inférieur jusqu'au *Champ de Manœuvre*, où l'on prend la route de gauche (route nationale n° 5 d'Alger à Constantine), qui passe successivement : au *Jardin d'Essai*, à

Hussein-Dey (7 kil. de pavé), et arrive presque entièrement à plat à

Maison-Carrée (12 kil.), station de bifurcation des lignes de Constantine et d'Oran. Marché important les vendredis. Station du chemin de fer sur routes de Rovigo à Koléa. Traverser le village par la route de droite jusqu'au pied de la traverse qui constitue un racourci, quoiqu'elle soit très dure. Au sommet, on rejoint la route nationale au point kilométrique K. 13. Toujours plate, ou presque plate, la route passe au 16° kilomètre au *Retour-de-la-Chasse*. On tourne à gauche pour prendre le chemin d'intérêt commun n° 20 du Retour-de-la-Chasse à Blad-Guitoun, qui descend en pente douce (sauf une petite contre-pente) au village de

Fort de l'Eau (19 kil.), station estivale et balnéaire des Algérois. Belle plage. Le fort turc *Bordj-el-Kifan* bâti en 1584 est aujourd'hui un poste de douaniers. La route, assez monotone et toujours à plat, franchit l'*Oued-el-Hamiz*,, traverse le *Village du Cap* et arrive, après une rampe de 3 à 4 0/0 sur 800 mètres, à la bifurcation des chemins d'*Aïne-Taya* et de *La Pérouse*. On tourne à droite. A gauche, la route conduit au *Cap Matifou*, à *La Pérouse*, au fortin de *Temendfous* (vieux fort turc) au *Phare* et *Sémaphore* et au *Lazaret des quarantaines*.

L'emplacement du Lazaret était occupé autrefois par la ville romaine *Rusgunia*. Alger a été bâti en grande partie avec les pierres de ses ruines.

Aïne-Taya-les-Bains (32 kil. 400), charmante localité bâtie sur un plateau dominant la mer. A 1.500 mètres est situé le village *Surcouf* (de pêcheurs).

On peut retourner à Alger par Rouïba, en prenant le chemin perpendiculaire à la mer ; après avoir contourné une colline, la route se dirige à plat, en ligne droite à *Rouïba* (40 kil.), station de la ligne de l'Est. La route monotone franchit encore l'Oued-El-Hamiz et arrive au point de sa bifurcation avec la route de Maison-Blanche où, en tournant à droite, elle se dirige sur le Retour-de-la-Chasse (kil. 49 de l'itinéraire), Maison-Carrée (53 kil.), Alger (65 kil.).

9. Alger, Birkadem, Saoula, Crescia, Douira, Baba=Hassem, Dély=Ibrahim, El-Biar, Alger

42 kil.

Sortant d'Alger par la **porte d'Isly**, on monte l'**Avenue Michelet** (route nationale n° 1 d'Alger à **Laghouat**). Cette route traverse tout Mustapha supérieur (joli point de vue au tournant de la *Croix*) et atteint en assez fortes rampes la *Colonne Voirol* (6 kil.). Altitude : 181 mètres. A gauche, le *Bois de Boulogne* avec son musée forestier. Deux kilomètres de pente rapide conduisent le cycliste à

Birmandreïs (8 kil.) *Bir-Mourad-Raïs (puits du capitaine Mourad)*. A droite de la place, ombragée par de magnifiques platanes, est une jolie fontaine mauresque, très ancienne.

Nota. — Pour se rendre à Birmandreïs, on peut éviter les cinq kilomètres de montée dure, en passant par *Belcourt* et le *Ravin de la Femme sauvage*, charmante promenade par une route plate jusqu'au *Ruisseau*, puis montée forte sur environ 200 mètres, le reste du chemin est en rampe douce.

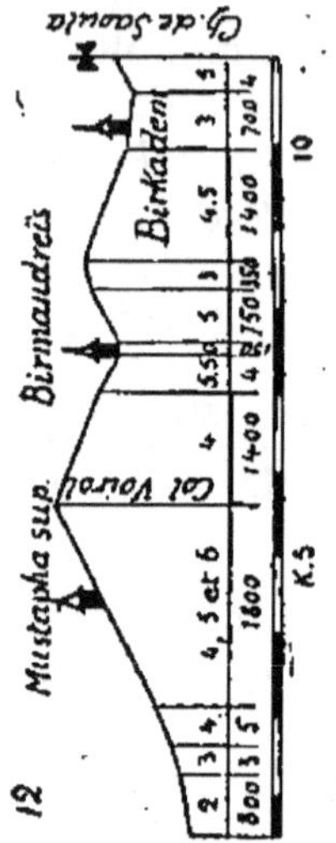

Birkadem (11 kil.) (Traduction : *Puits de la Négresse*) ; jolie petite localité. A la sortie, un raidillon de 400 mètres conduit à l'embranchement d'un chemin (à droite), descendant en pente douce, coupée d'ondulations, au village de

Saoula (13 kil.) ; la route suit ensuite le joli vallon de l'*Oued-Kerma* en ondulations ascendantes jusqu'à

Crescia (17 kil.). De ce petit village, le cycliste peut gagner

Birtouta par un chemin en pente assez forte, ou bien continuer vers

Douëra (20 kil.). De cette localité, on peut revenir à Alger par l'itinéraire nº 3 ou par l'itinéraire nº 4.

10. D'Alger
à Sidi-Ferruche

27 kil.

On peut gagner la presqu'île de *Sidi-Ferruche*, soit par le bord de la mer (itinéraire nº 1), soit par *El-Biar* et *Chéragas* (itinéraire nº 3 jusqu'au *Château Neuf*). Dans le premier cas, on suivra l'itinéraire nº 1 jusqu'à l'embranchement de la route départementale nº 5 d'Alger à Coléa et on prendra à la borne 24 kil. le chemin de *Sidi-Ferruche*, qui, à ce point (station du chemin de fer sur routes), s'embranche à droite et conduit, à travers un charmant bois, au petit village de pêcheurs (27 kil. 500).

Si, au contraire, on préfère passer par El-Biar, on laissera au *Château Neuf* la route de Blida à gauche, et suivant tout droit jusqu'à

Chéragas (12 kil.). On traverse ce village en suivant toujours la même route, tout droit, jusqu'à l'embranchement du chemin de la presqu'île de *Sidi-Ferruche* décrit ci-dessus.

Sidi-Ferruche (25 kil.). Ce petit village porte le nom d'un marabout vénéré ; il y a un fort important et un poste de douaniers. Sur la porte du fort on remarque une inscription rappelant le débarquement de l'armée française, le 14 juin 1830.

Le site est très pittoresque, d'un côté les lames se brisent contre les rochers capricieusement découpés, de l'autre côté s'étend une magnifique plage ; la mer forme vers l'ouest une vaste baie avec le massif imposant du *Chenoua* comme promontoire ; vers le S. on aperçoit les montagnes de Miliana, de Teniet-el-Haad et de Médéa.

11. De Blida à l'Alma

64 kil.

La route départementale n° 7 de Blida à l'Alma passe aux pieds des contre-forts du *Petit Atlas* et présente à ce point de vue un certain intérêt.

Sortir de Blida par la *Porte d'Alger* et prendre de suite à droite la route qui conduit à

Dalmatie (3 kil. 500) ; après la traversée de cette petite localité, tourner à droite et laissant, 300 mètres plus loin, la route de *Beni-Mered* à gauche ; on arrive à

Souma (8 kil.), plat jusqu'à

Bouïnan (16 kil. 500), plat, 1.300 mètres après ce village le chemin de *Chebli* à gauche ; au 20ᵉ kilomètre la route franchit l'*Oued-el-Harrach*, très large à cet endroit, sur un énorme pont en fer.

Rovigo (24 kil. 500), plat, station terminus du chemin de fer sur routes de Rovigo à Koléa (70 kil. de parcours). Traverser ce village dans toute sa longueur ; à l'extrémité s'embranche la ronte de *Sidi-Moussa*, que l'on laisse à sa gauche pour continuer tout droit. Au 30ᵉ kilomètre la route traverse l'*Oued Djemma*, dont le lit est très large, mais toujours à sec dans la saison chaude, et on arrive à

Arba (31 kil.), station du chemin de fer sur routes. De l'Arba on peut gagner *Sidi-Moussa* (7 kil.) ou *Maison-Carrée* (18 kil., puis Alger, en tout 30 kil.) L'Arba, qui est un centre très important, est un relais de la diligence d'Alger à *Aumale* et *Bou-Saâda*.

Rivet (40 kil.), de cette localité on peut revenir à Maison-Carrée (14 kil.). La route toujours plate ou très légèrement ondulée, passe ensuite au *Fondouk*, sans le traverser (51 kil.), franchit l'*Oued-El-Hamiz* et devient au 55ᵉ kilomètre un peu accidentée, sé sont des ondulations courtes et en somme assez douces, par lesquelles elle atteint un point culminant d'où elle redescend en pente de 4 1/2 0/0 sur 500 mètres. Se relevant de nouveau, d'abord en rampe de 4 0/0, puis en 3 0/0 sur 600 mètres, elle passe entre les villages de *Saint-Paul* à gauche et de *Saint-Pierre* à droite (57 kil.). De ce point on peut gagner rapidement la station de la *Reghaïa* (8 kil.) et la route d'Alger.

Après ces deux villages : ondulations sur 1.100 mètres, rampe de 3 0/0 sur 600 mètres, pente de 3 0/0 et de 2 0/0 sur 1.100 mètres et rampe très douce jusqu'au point de jonction avec la route nationale n° 5 d'Alger à Constantine, à son point kilométrique 37 k. 700 (62 kil. de Blida.) Tournez à droite et descendez la pente de 5 1/2 0/0 sur 1 kil., qui vous conduit à

Alma (64 kil.). Dans cette localité vous pouvez déjeuner et revenir à Alger par la route nationale (37 kil.) ou prendre le train qui part de Menerville à 3 heures et arrive à Alger à 6 heures du soir.

12. D'Alger aux Gorges de Keddara

(Mont Bou-Zegza),
par le Fondouk, retour par la vallée du Bou-Douaou et l'Alma.
127 kil.

Nous conseillons aux cyclistes qui désirent faire cette belle mais fatigante excursion, d'éviter la route fastidieuse d'Alger à *Maison-Blanche* en prenant le train qui part d'Alger à 6 h. 25 m. du matin et arrive à *Maison-Blanche* à 7 heures.

Les cyclistes qui désirent faire tout en machine, voudront bien se rapporter à l'itinéraire n° 20, page 40, qu'ils suivront jusqu'au point kilométrique : 17 k. 300, où ils trouvent une fourche formée par la route nationale et la route du Fondouk (nouvelle route de Palestro); c'est cette dernière (à droite) qui les conduira à

Maison-Blanche (20 kil.). La route plate et sans intérêt passe ensuite à *Hamedi* (25 kil.), village misérable, et atteint le

Fondouk (32 kil.) qu'elle traverse en très forte rampe, puis, sortant de l'enceinte autrefois fortifiée, descend d'abord, puis remonte jusqu'à l'embranchement du chemin du *Barrage du Hamiz* que l'on laisse à droite. Elle franchit peu après cette rivière et arrive en forte rampe au village de

L'Arbatache (55 kil.), bâti sur le versant nord du *Koudiat Guergour*. Pour cette excursion, nous conseillons aux cyclistes qui ne veulent pas s'embarrasser de provisions, de déjeuner de bonne heure à *l'Arbatache*, de façon à pouvoir se mettre en route à 11 heures.

La route descend de ce centre en pente rapide, sur 500 mètres, puis se relève en rampe de 5 0/0 sur environ 800 mètres, puis elle atteint un petit col d'où le touriste jouit d'un très beau panorama. Une descente de 4 kilomètres en 5 0/0 le conduit au pont de l'Oued Bou-Douaou (67 kil.).

De ce point, la route remonte, en rampe douce, la pittoresque vallée de l'Oued Keddara. (Nouvelle route de *Palestro*.)

On quitte la route au vieux pont en pierre (distant de 6 kil. du pont de l'Oued-Bou-Douaou). Il faut mettre pied à terre et suivre à droite, à travers la brousse, la rive droite de l'Oued Keddara jusqu'aux ruines du vieux moulin *Bourlier*, distant de 1500 mètres de la route. On peut y cacher les bicyclettes dans les caves du moulin où elles sont en sécurité; d'ailleurs un gardien arabe se tient continuellement dans l'orangerie de cette propriété abandonnée.

Un sentier arabe, véritable sentier de chèvres, conduit le touriste dans les *Gorges de Keddara*, extrèmement sauvages et pittoresques, aucun chemin ne les traverse. Ces gorges sont peu connues des cyclistes et des touristes en général, seuls, les membres du Club Alpin y font quelques rares excursions. (Du moulin, 6 kilomètres, aller et retour.) L'accès assez difficile et pénible de ces belles gorges est la cause de cet abandon. Il faut être au moins deux, pour entreprendre cette excursion.

Revenu à la route, on dévale rapidement les 6 kilomètres jusqu'au pont de l'*Oued Bou-Douaou* que l'on traverse pour tourner, de suite après, à droite où un chemin vicinal, longeant la rive gauche de l'Oued-Bou-Douaou, conduit le cycliste à *l'Alma* (89 kil.).

De ce village, où on peut dîner, on revient le soir même à Alger par le train de Constantine.

13. D'Alger aux Eaux-chaudes de Hammam-Melouane

Par Maison-Carrée, retour par Kouba.

72 kil.

Sortir d'Alger par la rue de Constantine, traverser *Agha* et *Mustapha* inférieurs jusqu'au *Champ de manœuvre*, traverser à gauche en face du *Parc à fourrage*. La route passe devant le *Jardin d'Essai*, traverse *Hussein-Dey* et arrive à

Maison-Carrée (12 kil.). Prendre à l'extrémité de cette localité, la route de l'*Arba*, la suivre jusqu'au passage à niveau de la ligne de Constantine, puis abandonner cette route à ce point, en prenant à droite le chemin d'intérêt commun n° 15 qui conduit sur la route d'Alger à Rovigo par *Kouba* et le *Gué de Constantine* et la joint au café Maure de Baraki (19 kil.).

En continuant tout droit cette route entièrement plate, le cycliste arrive à

Sidi-Moussa (26 k., 500), qu'il traverse en ligne droite. Peu après ce village la route franchit l'*Oued Djemma*, affluent d'*El-Harrach*; laisse, quelques cents mètres après le pont, la route de *Chebli et Boufarik* à droite et atteint

Rovigo (34 kil.). Sur la place de ce village, on tourne à gauche pour prendre, derrière l'église, le chemin de Hammam-Melouane. (Chemin de grande communication n° 14 d'Alger à *Boghari* (terminé seulement jusqu'aux Eaux-Chaudes.)

La route, très ondulée, passe dans des petites gorges, longues de quelques cents mètres seulement, et débouche dans un cirque de montagnes abruptes, site très pittoresque.

Là sont situés les bâtiments, d'aspect assez misérable, qui constituent l'établissement des bains (41 kil.).

Les eaux de Hammam-Melouane, dont la température s'élève à 41 degrés, sont ferrugineuses à un très haut degré, elles sont

2

assimilées par leur composition chimique aux eaux de Vichy, de la Bourboule et de Sedlitz. Elles sont surtout fréquentées par les indigènes et les Juifs.

Après avoir déjeuné à « l'Hôtel » (l'unique habitation), nous conseillons aux touristes de faire une promenade à pied, en remontant la rive droite de la rivière que l'on traverse à gué.

Pour le retour, reprendre le même itinéraire jusqu'à *Baraki*, où l'on continue tout droit, en laissant le chemin de *Maison Carrée*, par lequel on est venu le matin, à sa droite. La route franchit l'Oued-El-Harrach et arrive à la station du

Gué de Constantine (58 kil.). De ce point commence une série de rampes et de pentes assez fortes, aboutissant au village de

Kouba (63 kil.), d'où une descente rapide conduit par le **Ruisseau** à Alger.

De Kouba on jouit d'un beau panorama, sur Alger et la baie de l'Agha.

———

NE VOYAGEZ PAS

sans les

Guides Gonty

II° Les massifs du Petit Atlas

14. D'Alger à Médéa

Par Blida et les Gorges de la Chiffa.

91 kil.

Suivre l'itinéraire n° 9, page 20 (profil n° 12), jusqu'à l'embranchement du chemin de *Saoula* que l'on laisse à droite. La route descend ensuite à l'*Oued-Kerma* (station de Bab-Ali, 16 kil.) et arrive par une série de fortes ondulations à *Birtouta* (23 kil.), station. De ce village à Boufarik la route est plate ou à peu près.

Les Quatre-Chemins (kil. 27), point de jonction avec la route départementale d'Alger à Blida et du chemin de Koléa par Saint-Charles.

Boufarik (34 kil.). Station ; on débouche sur la place *Blandan*, puis tournant à droite et passant derrière l'église, on longe le marché jusqu'au pont de l'Oued-Krémis que l'on traverse. A ce point on laisse la route d'*Oued-El-Alleug* à droite.

Beni-Mered (42 kil.), théâtre de l'héroïque fait d'armes de 1841, époque où il n'y avait qu'un simple blokhaus. La route traverse le village en ligne droite et monte en rampe de 2 à 3 0/0 à

Blida (48 kil.), station à 1 kilomètre ; ville de 24.000 habitants, bâtie sur l'Oued-El-Khébir (la Grande Rivière). A l'entrée d'une étroite vallée au pied de l'Atlas. A visiter : le *Bois Sacré*

— 28 —

et les *Remontes.* (Consulter notre guide *Algérie-Tunisie*, en vente partout, prix : 5 francs.)

Nota. — Nous conseillons aux touristes de s'arrêter un jour à Blida pour faire l'ascension du mont *Sidi-Abd-el-Kader.* (Mulet, 5 fr. ; guide arabe, 3 fr.) On sort de Blida, pour cette excursion, de la porte *Bab-el-Rabat* (porte des Broussailles) pour suivre un chemin très pittoresque qui s'enfonce dans les gorges de l'Oued-El-Khébir, passe au *Moulin* et atteint bientôt la *Fontaine-Fraîche.* De ce point un chemin muletier passe au col des *Beni-Chebalas.* C'est l'itinéraire suivi par les guides arabes, mais nous lui préférons le chemin plus intéressant, qui sortant de Blida se dirige aux *Beni-Micera,* quitte la route de la *Fontaine-Fraîche* un peu avant le *Barrage.* Ce chemin passe par le *Marabout El-Gherib,* la *Glacière Laval* (1.206 m.), gravit aux *Deux-Cèdres* (1.453 m.), contourne les koudiats *Tafersiounen* et *Fertas,* atteint le *Koudiat Chréa* (1.558 m.) et suit sur 5 kilomètres la ligne des crêtes du *Djebel Mergaïeb,* pour grimper enfin au *Sidi-Abd-el-Kader* (1.630 m.). où un gourbi abrite le tombeau du saint qui a donné son nom à ce pic. On y embrasse un panorama immense : la mer, la Kabylie, le massif de Médéa, l'*Ouarsenis* (l'Œil du Monde), etc. On redescend par un sentier au-dessous de l'ancienne redoute Valentin, la source *Aïne Talazit,* la *forêt de cèdres de Talazit* pour arriver à la Fontaine-Fraîche.

Pour continuer notre itinéraire sur Médéa il faut sortir de Blida par la porte *Bab-el-Sept,* descendre l'avenue de la gare jusqu'à l'embranchement de la route nationale n° 1, et tourner à gauche environ 170 mètres après la porte, puis descendre au pont de l'*Oued Chiffa.* Passage à niveau à la borne 56 k. 600. Arrivé à la borne 56 k. 200, tourner à gauche pour prendre la route nationale n° 1 ; la route qui continue en ligne droite vers le village de la Chiffa, qui est à 500 mètres, est la route nationale n° 4, d'Alger à Oran.

La route que nous prenons à gauche passe sous l'immense viaduc de la ligne ferrée de Blida à Boghari et atteint le kilomètre 59, au pied de la longue montée conduisant à Médéa. Au *Rocher blanc,* à quelques cents mètres du pied de cette montée, le touriste entre dans les *Gorges de la Chiffa,* passe devant la station

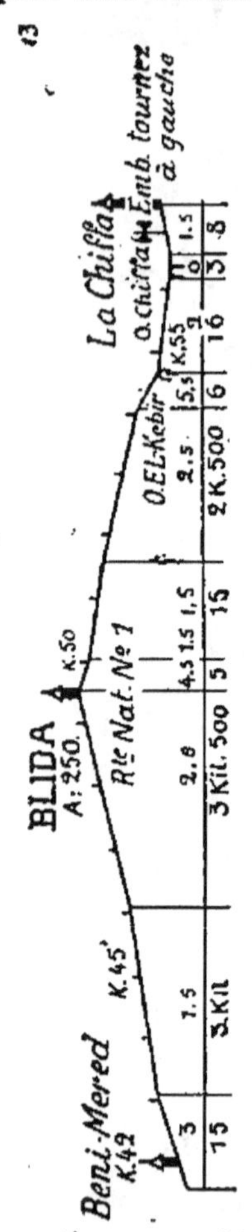

de *Sidi-Madani, le Pont de la Roche* et arrive à l'auberge du **Ruisseau des Singes** (64 kil.), où il peut déjeuner. A remarquer dans une des salles de l'établissement les fresques amusantes de Girardin ; visiter la grotte de stalactites. On aperçoit dans les arbres touffus des bandes de singes de petite taille.

Au 66e kilomètre : le *Rocher pourri*, puis on passe à la station du *Camp des Chênes;* maison

forestière; c'est la fin des gorges, le site devient plus sauvage, mais moins pittoresque.

La route traverse la Chiffa et, après avoir franchi au 88e kilomètre le *Col de Tiba* (1.000 m.), atteint la ville de

Médéa (91 kil.), alt. 927 m. Cette petite ville est bâtie sur un plateau incliné du *Djebel Nador* qui se dérobe vers le sud de l'Atlas, près du mont *Dakla*. (Consulter notre Guide *Algérie-Tunisie*, en vente partout ; prix 5 fr.)

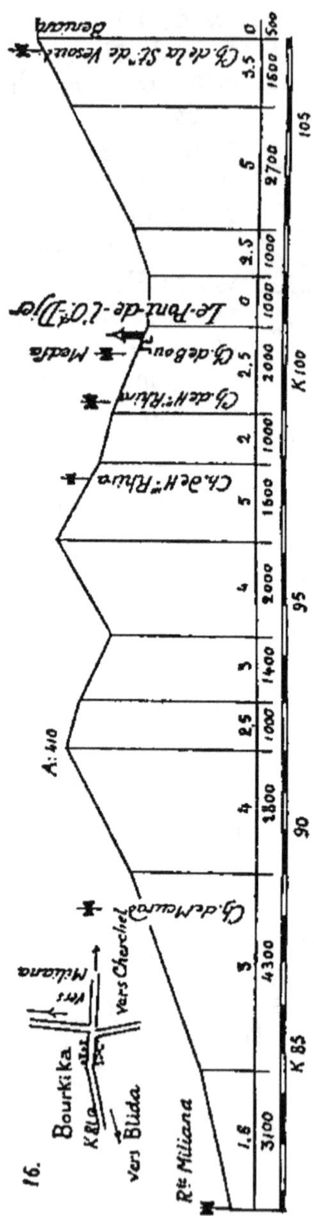

15. D'Alger à Miliana et Hammam-Rhira

134 kil.

Pour cet itinéraire, il faut reprendre le précédent (n° 14) jusqu'à la *Chiffa* (57 kil.), station, et continuer par la route nationale n° 4, absolument plate et toujours en ligne droite. Le premier village que l'on rencontre après la *Chiffa* est

Mouzaïaville (62 kil.). Ce centre fut entièrement détruit par un tremblement de terre en 1867. Station.

El-Affroun (67 kil.). Station de la ligne d'Oran et tête de ligne du petit chemin de fer sur route d'El-Affroun à Marengo (20 kil.).

Ameur-el-Aïne (73 kil.). Station du chemin de fer sur route.

Bourkika (81 kil.). Station du chemin de fer sur route. A 500 mètres de cette localité, la route nationale tourne à gauche, quitte la plaine de la *Mitidja* et débute par une pente douce.

Au point kilométrique 98 k. 700, s'embranche à droite le chemin qui conduit en rampe très dure à l'établissement des *Eaux Chaudes* de *Hammam-Rhira* (4 k. 500), 103 kil. de l'itinéraire. (Consulter notre Guide *Algérie-Tunisie*, en vente partout. Prix 5 fr.)

En quittant l'établissement thermal on descend le chemin qui conduit en pentes de 6 et 7 0/0, par de nombreux lacets (5 kil.) au pont de l'*Oued El-Hammam*, pour remonter ensuite à la route nationale en passant par le village de *Vesoul-Benian*.

Le cycliste atteint peu après le *Col des Oliviers* (116 k. 500), s'élève encore sur 4 kilomètres, redescend au pied du *Zaccar-Chergui* (1532 m. au sommet) et atteint

Margueritte (124 kil.), célèbre par la révolte de 1901, puis

Miliana (134 kil.); dans cette distance est compris le détour fait par Hammam-Rhira.

La situation de cette petite ville est très pittoresque : bâtie à 850 mètres au-dessous du sommet de Zaccar-R'arbi, elle commande la vallée du *Chélif* et offre un panorama immense. (Voir notre Guide *Algérie-Tunisie*, en vente partout. Prix 5 fr.)

On peut gagner Miliana sans faire cette longue et pénible ascension, en combinant cette excursion avec l'ascension du *Sidi-Abd-el-Kader* (voir Itinéraire n° 14 p. 27). Dans ce cas, on va le premier jour à Blida, visite de la ville le deuxième jour,

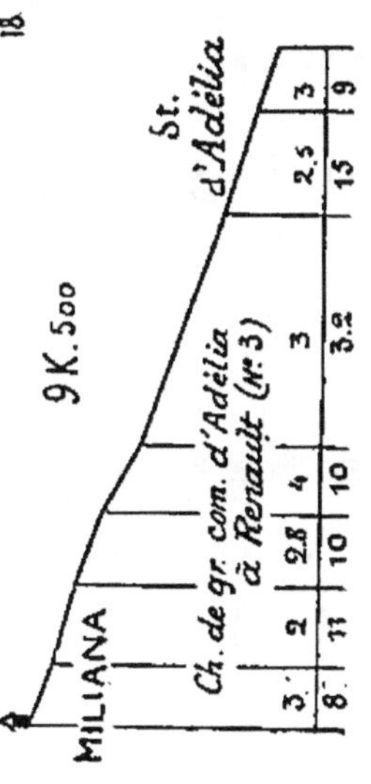

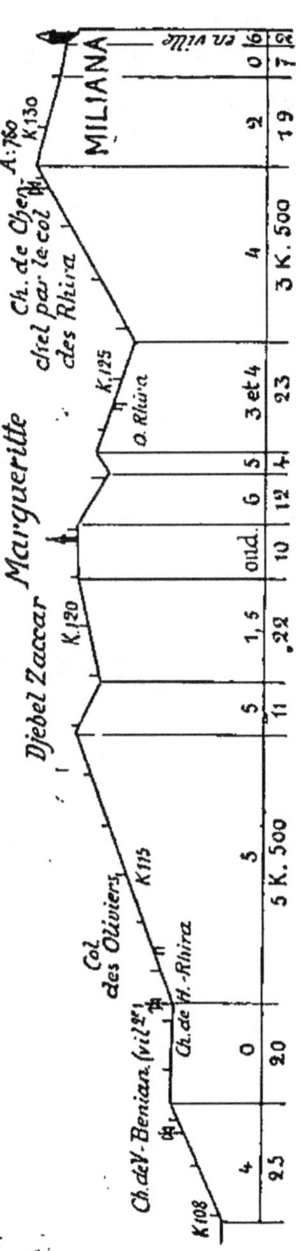

l'ascension, le troisième jour, départ de Blida par le train de 8 h. 38, arrivant à *Adélia* à 10 h. 30. De cette station, excellente route de 9 kilomètres en rampe douce.

On peut aussi combiner cette excursion avec l'itinéraire de Teniet-el-Haad (p. 33); pour le retour on aura tout en descente.

Touristes !

NE VENEZ PAS EN ALGÉRIE

sans notre Guide

ALGÉRIE=TUNISIE

EN VENTE PARTOUT

Prix : **5** francs.

16. De Miliana à Teniet-el-Hâaa

62 kil.

Nous ne donnerons ci-contre que le profil de cet itinéraire, à partir du *Caravansérail* jusqu'à *Teniet-el-Hâad*, la première partie depuis *Affreville* jusqu'au *Caravansérail* étant composé d'ondulations douces ou de rampes très faibles.

En quittant *Miliana* par la route d'arrivée on la suit jusqu'au grand tournant qui est à environ 300 m. de la porte d'Alger.

9 kilomètres de pente très rapide conduisent le cycliste à

Affreville, situé dans la plaine du Chélif au pied de Miliana.

A la sortie d'Affreville il faut prendre le chemin de grande communication n° 4, une pente imperceptible conduit au pont du Chélif (14 kil.) ; pente faible au *Puits* (19 kil.), pente faible et ondulations, *Pont-du-Kaïd* (28 kil.), ondulations ascendantes, le *Caravansérail* (37 kil.). *Le Camp des Chênes* (43 kil.), *Le Camp des Scorpions* (51 kil.) et

Teniet-el-Hâad (62 kil.). Les environs de *Teniet-el-Hâad* sont très pittoresques ; forêt de cèdres. (Consulter notre guide *Algérie-Tunisie*, en vente partout. Prix : 5 francs.)

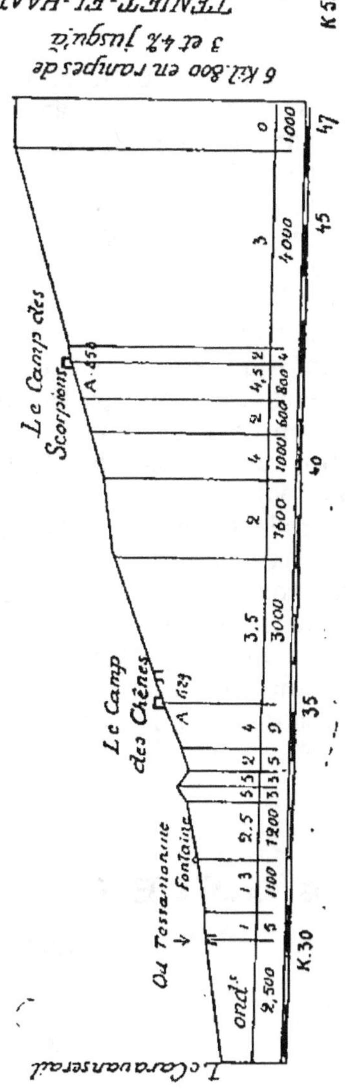

17. D'Alger à Hammam-Rhira

Nous donnons cet itinéraire, dont on peut faire une grande partie (la moins intéressante) en chemin de fer, pour les cyclistes désirant visiter l'établissement thermal de *Hammam-Rhira* en une seule journée.

Prendre le train d'Oran partant d'Alger à 6 h. 50 du matin et qui arrive à *Bou-Medfa* à 9 h. 50. De cette station, un chemin en pente douce et en ondulations ascendantes conduit au *Pont-de-l'Oued-Djer* (3 kil.), petit village que l'on laisse à gauche.

Puis on joint la route nationale n° 4 d'Alger à Oran à son point kilométrique 101 k. 200, de ce point il faut remonter jusqu'à la borne 98 k. 700 où l'on trouve sur sa gauche le chemin montant en rampe très dure de 3 kilomètres au village de *Hammam-Rhira*, du village à l'établissement thermal, 1 kilomètre. (9 k. 500).

Pour le retour, on retourne par le même chemin jusqu'à la route nationale, où on tourne à gauche dans la direction de *Bour-kika* (voir l'itinéraire n° 15 et le profil 16, page 30). En partant de Hammam-Rhira à 3 heures, on peut être à Blida à 7 heures sans se presser, y dîner et revenir à Alger par le train de 8 h. 4 arrivant à Alger à 10 h. 40. Soit pour la totalité de l'excursion à bicyclette : 64 kil., dont 54 (retour à Blida) en descente.

---

18. D'Alger à Aumale

115 kil.

Pour éviter le pavé (7 kil.), prendre le train jusqu'à *Maison-Carrée* et partir de cette localité (12 kil.). Dép. 6 h. 50, arr. 7 h. 15.

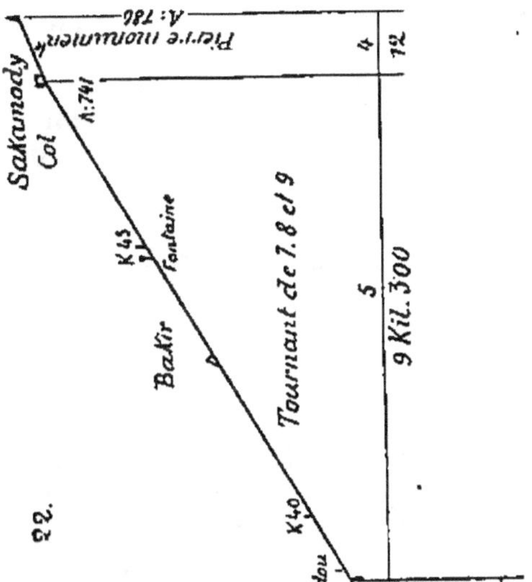

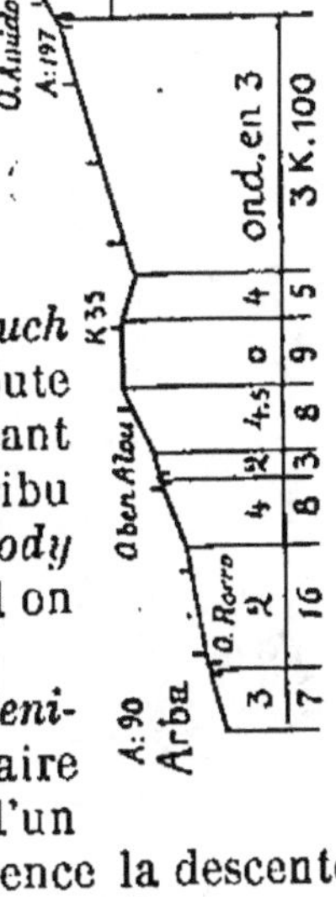

Descendre au village, le traverser en suivant les rails du tram à vapeur qui conduit sur la route de l'Arba (route nationale n° 8 d'Alger à Bou-Sâada). Plat jusqu'à

L'Arba (30 kil.); arrivé sur le plateau, tourner à gauche et suivre tout droit. La route traverse l'*Oued Rorro* et arrive près du moulin *El-Mahidine* au pied de la montée de *Sakamody*. A gauche s'élève le *Koudiat Tisseraïne*, à droite : l'*Oued Djemma*. Le site devient abrupt et sauvage, le lit de l'Oued-Djemma se rétrécit, il change de nom au confluent avec l'*Oued Bouhiran*, pour s'appeler l'*Oued Amidou*, dont les rives sont très encaissées. On passe successivement au *Haouch Kâdi*, aux mechtas *Bakir* et *Sohane* et la route monte au *Koudiat Kafsouane*, passe sur le versant du *Koudiat Tizi-bou-Amissa* (territoire de la tribu des *Beni-Khalifat*) et atteint le col de *Sakamody* (48 kil.). Alt. 741 m.; peu après l'auberge du col on remarquera une pierre monumentale.

La route domine le territoire de la tribu des *Beni-Amram* et atteint le point culminant de l'itinéraire (920 m.); sur la droite, une vieille construction d'un ancien télégraphe optique (1.002 m.). Là commence la descente qui conduit rapidement, en passant par la *Smala Kdina*, au

Tablat (64 kil.), village et fort bâtis au confluent de l'*Oued*
El-Hâd et de l'*Oued Mustapha*.
Hôtel-au- berge.
A la sortie de Tablat, la route franchit successivement l'*Oued El-Hâd* et l'*Oued Isser*
puis remonte la rive droite de l'*Oued Malah*
sur environ 4 kilomètres.
Le paysage est plus gai, les champs de
céréales et les vignobles se succèdent.

Les Frênes (92 kil.)., auberge; de nombreuses fermes émaillent le paysage. (Voir p. 72
la suite du profil.)

Bir-Raba-lou (97 kil.).

Les Trem-bles (140 kil.), 2 kilomètres
après ce vil-lage, on laisse la route de Bouïra
à sa gauche et on entre de nouveau dans une
contrée montagneuse.

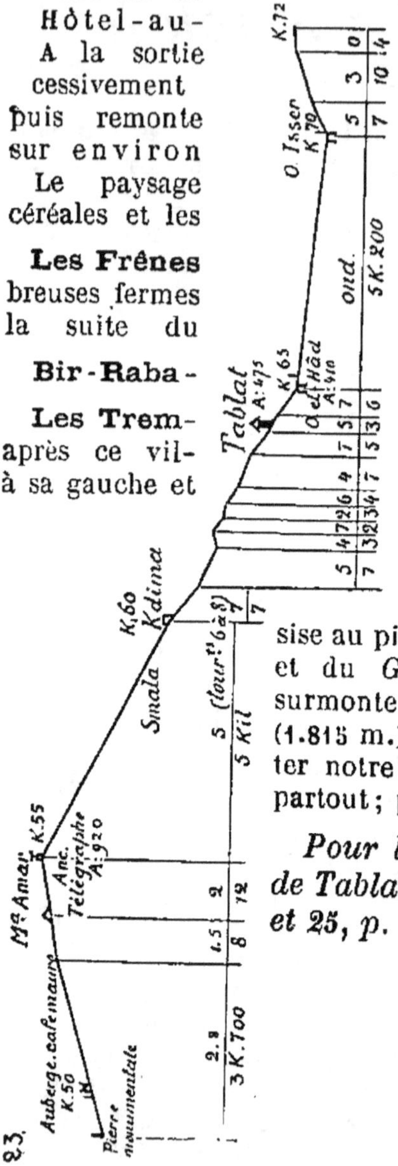

Aumale (115 kil., alt. :
880 m.), petite ville fortifiée,
sise au pied du *Djebel Kerbouba* (1.220 m.)
et du *Grand Guergour* (1.540 m.) que
surmonte le sommet *Hadjra-el-Heddiane*
(1.815 m.) avec son poste optique. Consulter notre Guide *Algérie-Tunisie* en vente
partout; prix 5 francs.

Pour la suite du profil de la route
de Tablat à Aumale, voir les profils 24
et 25, p. 72.

19. D'Aumale à Bouira

On quitte Aumale par la porte d'Alger pour descendre jusqu'à l'embranchement du chemin de *Bouïra* (voir l'itinéraire précédent), à 7 kil. d'Aumale.

Pentes et ondulations douces jusqu'à *Aïne Bessem* (14 kil.). Alt. : 680 m., puis ondulations descendantes jusqu'à *Aïne-bou-Dib* (22 kil.), la route se rapproche de l'*Oued Lekhal* dont elle suit la rive gauche sur environ 10 kilomètres, puis elle quitte cette rivière, traverse l'*Oued El-Garess* et arrive en pente douce à

Bouïra (39 k. 500) d'où on peut revenir à Alger ou poursuivre vers Maillot et Bougie. (Voir les itinéraires 20, 26, 28, 29 et 31.)

Pour recevoir

les GUIDES CONTY

S'ADRESSER A L'ADMINISTRATION :

12, rue Auber, 12 — Paris

III° La Kabylie

On donne le nom général de *Grande Kabylie* à la région qui s'étend dans toute la partie orientale du département d'Alger, depuis le col des *Beni-Aïcha* (Menerville) jusqu'à *Bougie*.

La partie entre la vallée de la *Soumam* et la région de *Sétif* est la *Petite Kabylie*. La Kabylie d'Alger comprend deux parties bien différentes par leur aspect et par les mœurs des indigènes : d'un côté, au nord et à l'ouest, la région littorale et les parties montagneuses qui avoisinent l'*Isser*, avec des crêtes ne dépassant guère 900 mètres d'altitude ; de l'autre, un massif fortement découpé, dont les altitudes varient de 800 à 1.400 mètres, qui vient s'adosser au sud à la grande chaîne du *Djurdjura*.

D'une part les populations arabes ; de l'autre, les descendants de races très anciennes dans le pays, *les Kabyles*, qui ont conservé leur langue, leurs coutumes très curieuses et leur caractère tout à fait indépendant.

Les Kabyles du *Djurdjura* offrent à cet égard le plus vif intérêt et la traversée de leur pays extrêmement pittoresque est une attraction qui fait oublier au touriste les fatigues des routes si accidentées.

La Basse Kabylie et la région littorale ressemblent à toutes les parties accidentées de l'Algérie ; la Kabylie du Djurdjura a un cachet spécial. Elle est fermée au sud et à l'est par une chaîne continue, qui part du col de Menerville et forme un immense arc de cercle jusqu'aux environs de Bougie. Cette chaîne n'est traversée que par quatre routes carrossables : la route nationale nº 5 d'Alger à Constantine profite de la grande coupure de l'Isser que nous nommons les *Gorges de Palestro* ; la route départementale nº 11 de *Dra-el-Mizane* à la route nat. nº 5, qui ne traverse qu'un col de 680 mètres d'altitude, le chemin de *Fort-National* à *Maillot* qui traverse la chaîne par le col de *Tirourda* à l'altitude de 1.780 mètres et enfin le chemin de gr. com. de Tizi-Ouzou à Bougie qui franchit les cols de *Tagma* et de *Takdint* (980 m.) et la région des grandes forêts.

Le Kabyle a été longtemps réfractaire à la civilisation. Chaque tribu a ses habitudes, ses lois qui se transmettent de génération en génération. Les Kabyles vont en pèlerinage au tombeau de leur saint, protecteur de leur tribu, de là les nombreux monuments de *Marabouts* que l'on rencontre en Kabylie à chaque pas, et qui ne sont pour la plupart que de simples entassements de pierres, quelquefois des constructions très primitives. Les Kabyles sont : maçons, charpentiers, armuriers, orfèvres et bons jardiniers ; ils construisent des moulins à huile, liquide indispensable à leur nourriture et fabriquent eux-mêmes les tuiles et les briques nécessaires pour la construction de leurs maisons.

La nourriture ordinaire du Kabyle est le pain trempé dans l'huile d'olive, la volaille, le lait de chèvre, les œufs, les caroubes sucrées, le raisin et les figues ; en général le Kabyle mange peu de viande.

La femme kabyle est traitée avec beaucoup plus d'égards que la femme arabe, elle ne se voile pas. Le point faible du Kabyle est la superstition, aussi existe-t-il une foule de légendes auxquelles il croit fermement. On trouve parmi les Kabyles, surtout parmi les hommes, beaucoup de blonds et de roux aux yeux bleus. Les Kabyles sont sédentaires et ont une tendance marquée pour la monogamie ; ils sont musulmans, mais peu pratiquants ; il semble que leur vrai culte est celui des grands hommes.

C'est ce caractère tout spécial du Kabyle et les mœurs si curieuses qui rendent ce coin de l'Algérie particulièrement intéressant. Que l'on ait parcouru le monde entier, ce que l'on voit en Kabylie est du nouveau, de l'inédit.

On a souvent comparé la Kabylie à d'autres pays de montagnes, c'est là une grande erreur : la Kabylie ne ressemble à aucune autre contrée montagneuse, elle a son cachet absolument particulier.

Pour plus de renseignements, consulter notre Guide *Algérie-Tunisie*, en vente partout. Prix 5 francs.

20. D'Alger à Menerville

54 kil.

On traverse le faubourg de l'Agha-Mustapha inf. et on tourne à gauche à l'angle du *Champ-de-Manœuvre* (kil. 3). Pavé, et du mauvais pavé en grande partie, sur 8 kilomètres.

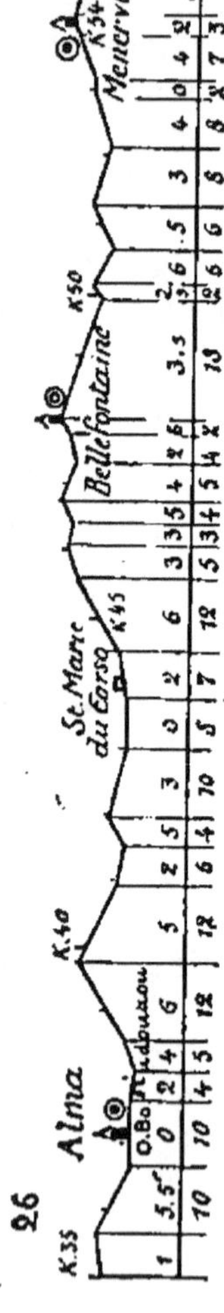

Maison-Carrée (12 kil.), station ; à l'extrémité est du village prendre la traverse qui aboutit au point kilométrique k. 13 de la route nationale. Au 16ᵉ kilomètre, le *Retour-de-la-Chasse*, où on laisse le chemin de *Fort-de-l'Eau* à sa gauche ; au 17ᵉ kilomètre on laisse à sa droite la route du *Fondouck* et de *Maison-Blanche* et on atteint

Rouïba (25 kil.), station.

Reghaïa (30 kil.), station, passage à niveau au kil. 32. Au 35ᵉ kilomètre, la route quitte la plaine de la *Mitidja* et arrive par une descente d'un kilomètre au village de

L'Alma (37 kil.), station à 1.800 mètres ; à la sortie de l'Alma et après avoir traversé le pont du *Bou-Douaou*, les cyclistes pourront prendre la traverse qui part de la gauche de la route (à 100 mètres du pont) et abrège de 1.200 mètres le trajet. En arrivant sur la grande route, tourner à gauche et descendre à

Saint-Marie du Corso, ferme (44 kil.), pied de la montée du Corso, longueur de 2 kilomètres.

Bellefontaine (48 kil.), station à 2 kil. 500.

Menerville (54 kil.), station de bifurcation des lignes d'Alger à Constantine et d'Alger à Tizi-Ouzou.

21. De Menerville à Haussonviller

27 kil.

A la sortie de Menerville, 3 kilomètres de descente conduisent à l bifurcation de la route nationale avec la route départementale n° 1 de Tizi-Ouzou. Cette dernière se dirigeant vers la gauche, remonte les rampes faibles des collines qui viennent mourir au bord de l'*Oued Isser*, elle suit la vallée de cette rivière et laisse, au 6° kilomètre, le village de *Blad-Guitoun* (terre des tentes) à gauche. Station.

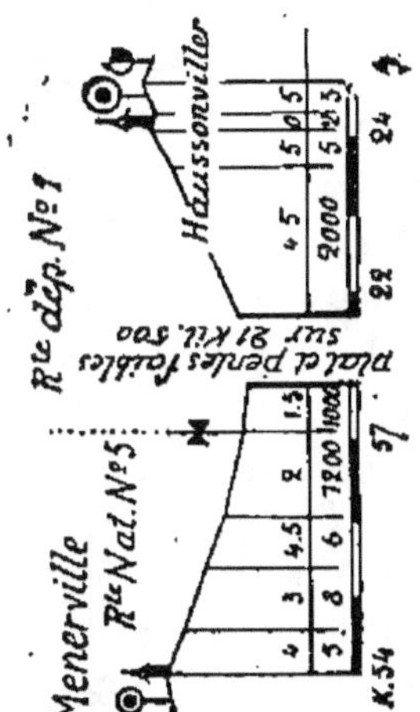

La route franchit peu après l'*Oued Isser* fleuve dont le cours est d'environ 350 kil. La vallée s'élargit en une plaine fertile et cultivée. On laisse à droite le centre d'*Isserville* (12 kil.). Marché important les vendredis.

Bordj-Menaïël (19 kil.), centre le plus important de la basse Kabylie. Près du village un ancien *Bordj* (fort turc). La route remonte ensuite la vallée de l'*Oued Chender* entre deux rangées de collines monotones.

Haussonviller (27 kil.), station, point de bifurcation de la route départementale de *Tizi-Ouzou* avec la route de *Dellys*.

22. De Haussonvilier à Dellys et Tigzirt

51 kil.

Au sortir de Haussonviller, on laisse la route de Tizi-Ouzou à droite, puis tournant à gauche, on descend vers la ligne ferrée sous laquelle la route passe en suivant la petite vallée de l'*Oued Chouaou*. Descente douce jusqu'à l'*Oued Sebaou* et

Rebeval (10 kil.), station du petit chemin de fer du *Camp-du-Maréchal à Dellys*. On passe successivement par les villages arabes d'*Ouled-Keddach* et de *Ben-N'Choud* (16 kil.), en face, sur la rive gauche, le village français de *Bois-Sacré*. La route monte, après un parcours à plat, à l'auberge de *Takdempt* et arrive peu après à

Dellys (26 kil.). Cette petite ville possède un port.

Station terminus du chemin de fer du *Camp-du-Maréchal*. — (Consulter notre Guide *Algérie-Tunisie* en vente partout. Prix : 5 francs).

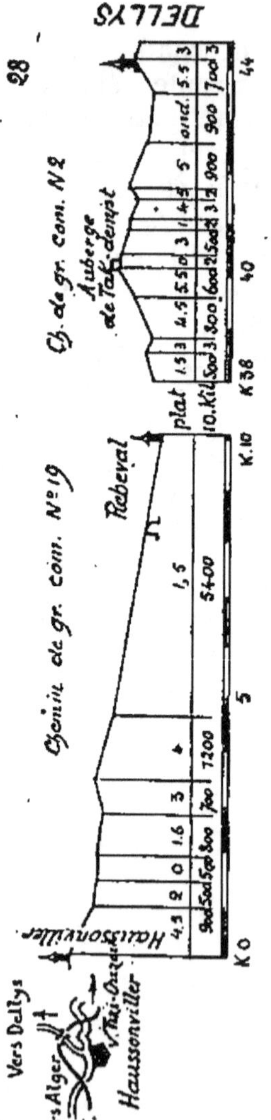

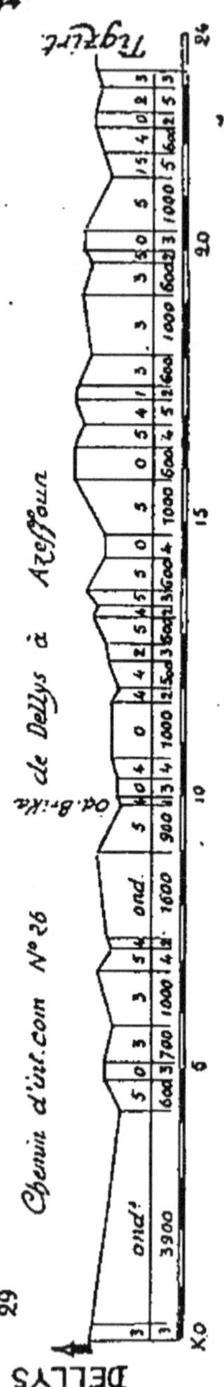

Une pittoresque route nouvellement construite conduit à *Tigzirt*. Elle serpente en corniche au-dessus de la mer, traverse la petite forêt de la Miserana et atteint **Tigzirt** (51 kil.) l'antique *Rusucurrus* des Carthaginois et des Romains.

Il existe de belles ruines au village kabyle de Tigzirt.

On y remarque un beau temple qui sert de musée, un forum, deux basiliques, des citernes, de grandes parties des enceintes carthaginoises et romaines, et enfin une grande quantité de fragments et d'objets d'une grande valeur historique .

Tigzirt est un centre d'excursions, plein d'intérêt et d'agrément, et aussi un territoire de chasse : la panthère, le sanglier et tous autres gibiers y abondent.

Les GUIDES CONTY

comprennent

LA FRANCE, LA BELGIQUE, LA HOLLANDE
LA SUISSE, LE LUXEMBOURG
L'ALGÉRIE-TUNISIE, LES BORDS DU RHIN,
LONDRES ET SES ENVIRONS, ETC.

23. De Haussonviller à Tizi-Ouzou

24 kil.

En quittant Haussonviller, laisser la route de *Dellys* à gauche et prendre à droite la route départementale n° 1, qui s'élève jusqu'à l'altitude de 88 mètres puis redescend dans la vallée du *Sebaou*.

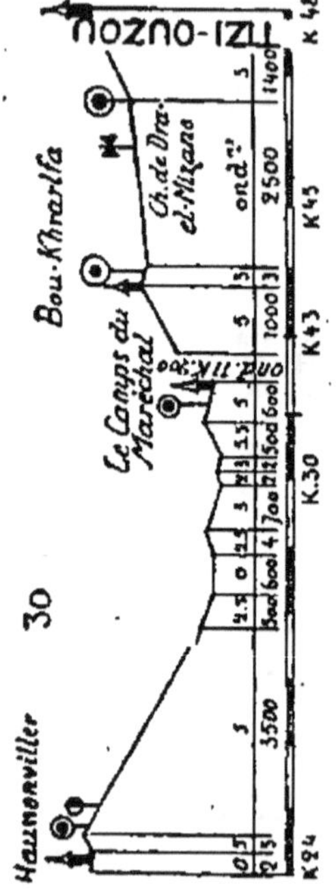

La vue s'étend sur une contrée différente de celle qu'on vient de traverser depuis Menerville, au delà du Sebaou se dresse le massif boisé de *Taourga*, dernier contrefort de la chaîne littorale dont les sommets s'élèvent à 900 mètres. En face se profile le *Djebel Belloua* qui domine Tizi-Ouzou, à droite, des ravins forment de délicieuses vallées, où l'abondance des eaux entretient des îlots de verdure et de magnifiques orangeries.

Le Camp-du-Maréchal (7 kil.). Station, point terminus du chemin de fer de Dellys. En face, sur un mamelon, les ruines d'un bordj turc, le *Bordj-Sebaou.* La route se rapproche du Sebaou qui s'élargit à cet endroit à l'époque des pluies pour atteindre un kilomètre de largeur. Cette rivière a d'ailleurs toujours beaucoup d'eau, même en été, son bassin comprend tout le massif kabyle, ses sources les plus importantes sont dans le Djurdjura, dont le versant nord lui envoie toutes ses eaux, ses affluents les plus importants descendent des crêtes de 1.700 à 2.000 mètres d'altitude, sans cesse alimentés par les amas de neiges, qui, dans les crevasses abritées du soleil se conservent d'un été à l'autre et fournissent à Tizi-Ouzou de la glace tout l'été.

La route franchit ensuite l'*Oued Bou-Gdoura* l'un des affluents du Sebaou puis passe à *Mirabeau* (Dra-ben-Kredda) (13 kil.) et à *Bou-Khralfa* (20 kil.) et atteint

Tizi-Ouzou (24 kil.), (*Tizi* : col et *Ouzou* : des Genêts). Siège d'une sous-préfecture. Le Bordj (fort) est à l'altitude de 236 m. Cette petite ville a été détruite pendant l'insurrection de 1871. (Consulter notre Guide *Algérie-Tunisie*, en vente partout. Prix : 5 francs.

24. De Tizi-Ouzou à Bougie
par les grandes forêts.
132 kil.

La route descend rapidement dans la vallée du **Sebaou**. Le pays de collines basses et de plaines qui s'étend jusqu'au pied des montagnes kabyles est habité par des populations de diverses origines, groupées jadis par les Turcs pour inquiéter les montagnards kabyles. Sur toute la vallée du Sebaou s'étendait la puissante confédération des *Ameraoua*. Ces populations habitent de misérables gourbis qui font contraste avec les agglomérations kabyles.

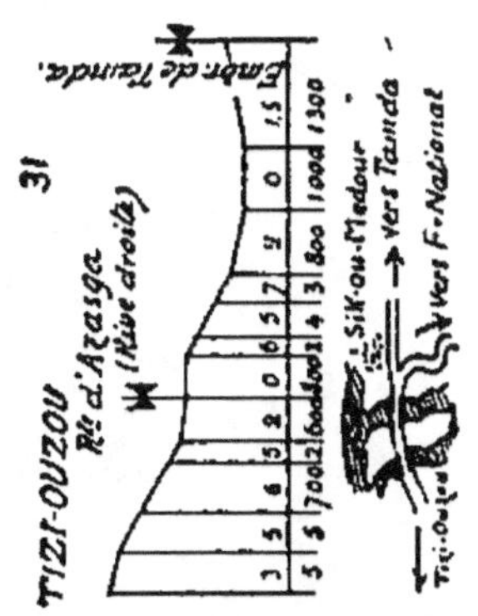

Après avoir franchi l'**Oued-Aïssi**, le cycliste arrive près du haouch (village) **Sik-Ou-Meddour** et trouve à la borne 52 k. 200 l'embranchement de route de Tamda dite : *la route de la passerelle* qu'il suivra, laissant la route de *Fort-National* à sa droite. La route de la passerelle est plate jusqu'au pont du Sebaou long de 310 mètres, après lequel on monte un raidillon qui conduit à

Tamda (15 kil.), alt. 27 mètres. Borne 20 kil., c'est-à-dire que Tamda est à 20 kilomètres de Tizi-Ouzou par la route départementale, route très accidentée et sans intérêt.

3.

Au nord s'élève le *Djebel Zraïb*, et plus loin apparaît l'aiguille du *Tamgaut* (1.280 m.), à l'ouest, on aperçoit dans la brume *Fort-National*.

Mekla (23 kil.).

Fréah (29 kil.), à environ 1 kilomètre de la route. C'est là que commence la longue et pénible montée de 33 kil. qui conduit au col de *Tagma*.

Azasga (36 kil.), chef-lieu de la commune mixte du *Haut-Sebaou*. On entre ensuite dans la région des grandes forêts. La première est celle du *Bou-Hini (forêt de Yakouren)* dans laquelle la route monte en innombrables lacets sous un impénétrable dôme de verdure.

Yakouren (48 k.), A 1.800 m. environ avant d'arriver à ce petit village, on remarque sur la droite de la route, une belle source aux eaux fraîches et limpides et à 50 mètres un dallot de la route, c'est à ce point que le bandit Areski commit son premier crime sur l'amin (maire) de Moknéa.

Yakouren ne possède que quelques rares maisons bien pauvres et une école kabyle-française, mais il y a une excellente petite auberge.

L'endroit mérite que l'on s'y arrête pour faire une promenade dans l'intérieur de la forêt. On verra des sites merveilleux et on aura une idée plus exacte de la beauté sauvage de ces forêts composées en majeure partie de

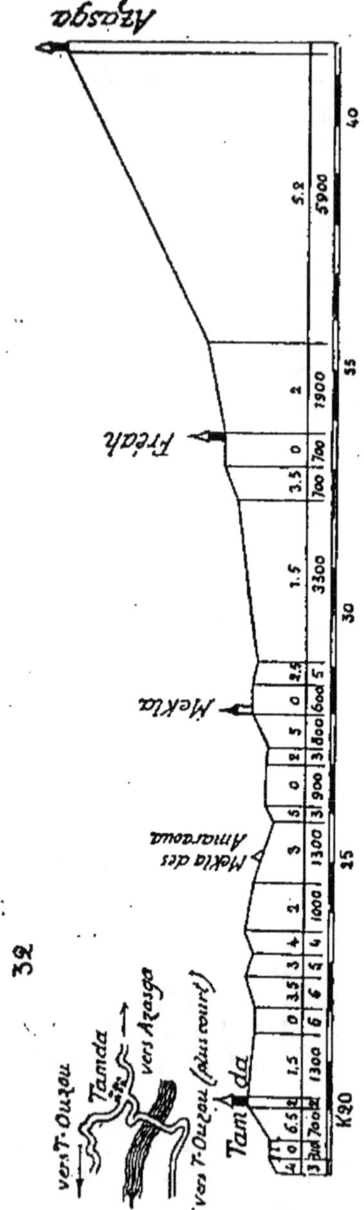

chênes-lièges et zéens, d'ormes et d'autres essences. On peut y admirer des arbres séculaires de dimensions inconnues en Europe. Le gibier de toute espèce y abonde, le sanglier et la panthère y pullulent. Cette dernière est peu à craindre le jour, il n'en est pas de même la nuit.

La route passe ensuite près des villages kabyles de *Tizi-N'Tridet* et de Tamelis, puis entre dans la forêt de *Tizi-Ou-Fellah*, territoire des *Beni-Flik* et atteint le col de *Tagma*, limite des départements (58 k.) Elle serpente à 600 mètres au-dessus l'*Oued - El - Hammam* dont elle suit le cours, dominant la contrée. Sur l'autre versant on voit les *Djebel Azouza* (1.084 m.) et le *Guerr-nou* (1.150 m.) couverts d'immenses forêts. Longeant ensuite la lisière de la forêt d'*Akfadou*, la route descend près des sources chaudes d'*El-Hammam* et arrive au lieu appelé : *Sfaïa* où est une maison cantonnière, et où l'on franchit par un pont en fer et des ponts en maçonnerie, une série de torrents dont les eaux tumultueuses se précipitent de cascades en cascades des hauteurs de droite, produisant un bruit assourdissant. On atteint peu après le col de *Takdint* (985 m.), un des points culminants de cet itinéraire. La route serpente sur un parcours de 7 kilomètres sur

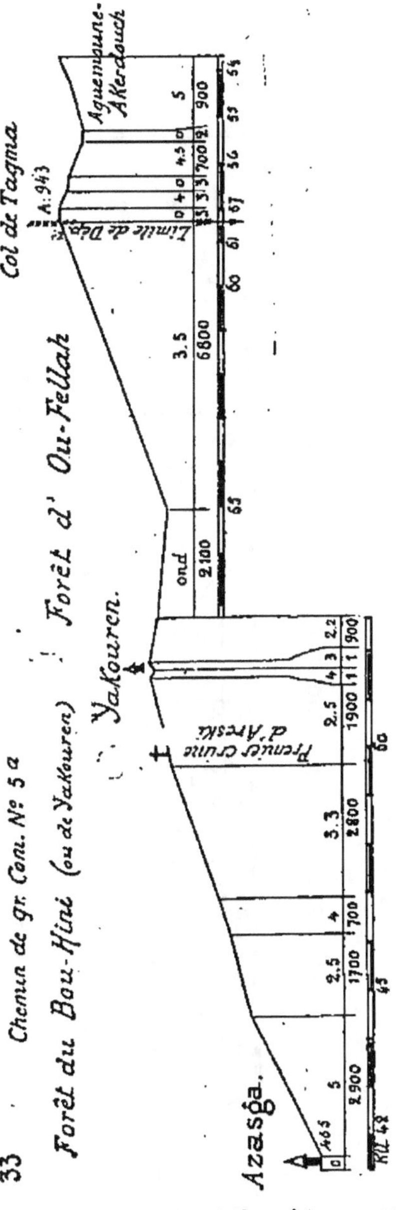

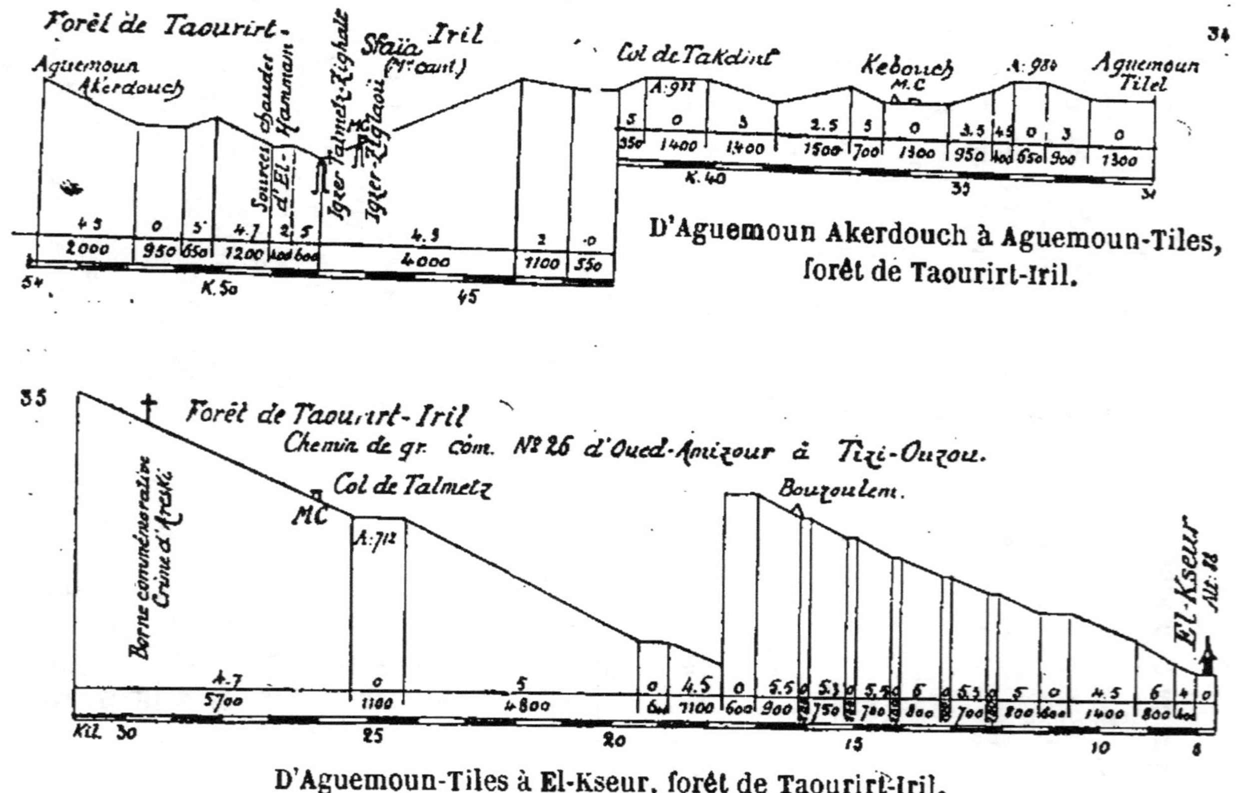

D'Aguemoun Akerdouch à Aguemoun-Tiles, forêt de Taourirt-Iril.

D'Aguemoun-Tiles à El-Kseur, forêt de Taourirt-Iril.

les flancs de la chaîne à une grande hauteur et atteint le village kabyle de *Kebbouch*, où se trouve une maison cantonnière où l'on peut se faire servir un bon café et au besoin faire un frugal repas. On a aussi construit à côté de la maison cantonnière une belle maison d'habitation pour les ingénieurs des Ponts-et-Chaussées qui y viennent chercher la fraîcheur en été.

Le cycliste entre ensuite dans la forêt de *Taourirt-Iril* et passe non loin des bâtiments forestiers et du *Bordj* de l'administrateur, mais qui lui restent cachés par les arbres. Entre le 30ᵉ et le 29ᵉ kilomètre, il remarquera sur la gauche de la route une petite borne commémorative avec cette inscription : « Ici, Victor Coulmier, auxiliaire, a eu la gorge coupée le 11 octobre 1890 ». C'est une des trop nombreuses victimes des bandits dont le chef redouté fut Areski. De cette partie de route on jouit d'un merveilleux panorama sur la vallée de la **Soumane**. La route décrit d'immenses lacets et passe au kil. 26, à une maison cantonnière, sorte de blokhaus construit en pleine forêt (*Col de Talmetz*), puis au dessous du village kabyle de **Bouzoulem** (ou Arbatache) et arrive à .

El-Kseur (105 kil.. borne k. 8), station de la ligne de Beni-Mansour (Maillot) à Bougie ; ce village occupe l'emplacement de l'ancienne colonie romaine : *Tubusuptus*. A **3** kilomètres du village existent de belles ruines romaines (près du village kabyle de *Tiklat*).

Au sortir d'El-Kseur, une descente de 2 kil. en 3 0/0, puis plat, coupé de quelques rares ondulations jusqu'au pied de Bougie. Au pied de la descente d'El-Kseur est un passage à niveau, puis 5 k. 700 plus loin un second. 700 mètres après ce second passage à niveau on remarque sur la gauche de la route un petit monument commémoratif (borne 17 kil. 8) connu sous le nom de : *Tombeau de la Neige*, où fut enseveli par une tourmente de neige un détachement de soldats français (en 1835). On laisse 4 kil. plus loin le village de **La Réunion** à gauche, et on arrive au pied de Bougie, où une montée assez dure (5 à 6 0/0) conduit dans la ville haute.

Bougie (132 kil.), *Bedjaïa* des Arabes, la Soldæ des Romains est une charmante petite ville, bâtie sur le versant est du mont *Gouraya* (660 m.), dont le côté nord est formé par des falaises inaccessibles du côté de la mer. Bougie forme un immense bouquet d'orangers, de grenadiers et de figuiers, d'où émergent ses maisons blanches et coquettes. Pour tous les renseignements, voir notre Guide *Algérie-Tunisie*, en vente partout. Prix 5 fr.

Il faut s'arrêter à Bougie un jour pour faire la promenade (à pied) au *Cap Carbon* (11 kil. environ aller et retour). Le phare, le sémaphore et les bâtiments d'habitation sont construits sur une falaise à pic, élevée de 220 mètres au-dessus de la mer; on y accède par un étroit chemin, entaillé dans les parois du roc, d'un effet très pittoresque qui débute par un petit tunnel percé dans la muraille du *Cap Noir*, descend en pente extrêmement rapide jusqu'à 50 mètres au-dessus de la mer, pour gravir en pente aussi raide au phare.

Pour y aller, un chemin extrêmement pittoresque amène le touriste dans la Vallée des Singes, ainsi nommée à cause du grand nombre de ces animaux qu'on y rencontre; c'est un site d'une grand beauté sauvage.

Le panorama merveilleux qui s'offre aux yeux éblouis du touriste, de la plate-forme des bâtiments du phare, est inoubliable : au nord, l'immensité de la Méditerranée, dont la couleur si profondément bleue contraste avec la blancheur éblouissante des brisants de la côte qui s'étend vers l'ouest à perte de vue; vers l'est le golfe de Bougie et au-delà, à peine estompés par les teintes violettes, les sommets du massif des *Babors*, desquels on distingue le *Tababor* (1.980 m.), les *Bou-Affroun* et le *Djebel-Mimoun*, et tout près en face, la sombre muraille du *Cap Noir* avec le sentier en corniche (partie descendante).

NE VOYAGEZ PAS

sans les

GUIDES CONTY

25. De Tizi-Ouzou à Fort-National.

27 kil.

Au sortir de *Tizi-*dre jusqu'à *Silk ou-Med-* profil 31, page 45), le pont du Aïssi la route *nal* à droite (point 52 k. 200). L'*Oued Aïssi* important affluent de toutes ses branches lui eaux de la majeure par-jura et séparent, par de vins, les contreforts qui crêtes les innombrables byles. La route suit la la vallée sur un par mètres et commence à ment au dixième kilo-rampe très dure et de nombreux serpente au fond d'un ravin, dont on voit augmenter la profondeur à mesure qu'on s'élève et dont les flancs abrupts sont impraticables en hiver.

Ce ravin sépare la confédération des *Madtka*, à l'ouest, de ce qu'on a appelé la confédération des *Zou-aoua*, comprenant toutes les tribus à l'est et au sud, jusqu'au Djurd-jura. On voit sur l'autre côté du ravin les villages des *Beni-Aïssi*, pittoresquement échelonnés sur des contreforts qui plongent pres-que à pic dans la rivière.

La route traverse les premiers villages du *Beni-Raten* (Aïl-

Ouzou, descen-*dour* (voir le prendre après de *Fort-Natio-* kilométrique est le plus l'Oued Sebaou, amènent les tie du Djurd-profonds ra-portent à leurs villages ka-rive droite de cours de 6 kilo-s'élever seule-mètre par une lacets. L'Aïssi

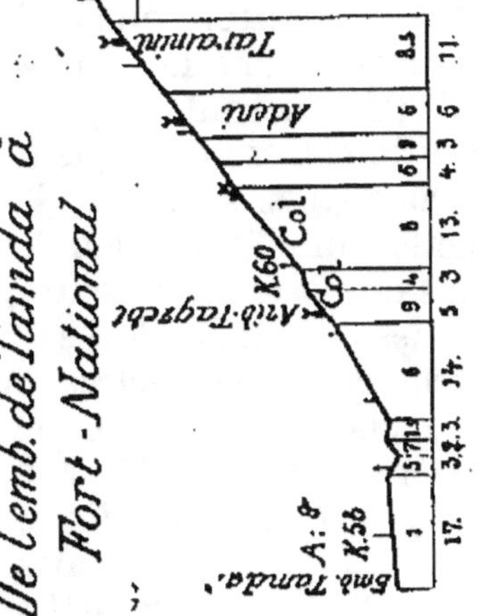

Iraten, Adeni et *Aghadir*) et contourne le mamelon de *Tondja.*
A l'altitude de 705 mètres on arrive à *Tamazirt* et on commence
à voir Fort-National, on atteint le col d'*Azouza,* la route contourne le mamelon *Aguemoun* et atteint enfin le

Fort-National (27 kil.) (Souk-el-Arba, marché du mercredi),
domine de trois côtés la Kabylie, il est bàti sur l'emplacement
du village kabyle *Icherouïa* pendant la soumission de la Kabylie
en 1857.

Le fort proprement dit est construit sur le flanc nord-est du
mamelon, à l'altitude de 970 mètres. Cette situation est particulièrement remarquable; de chaque côté on jouit d'un panorama
différent et vraiment merveilleux. Pour tous les renseignements,
voir notre Guide *Algérie-Tunisie,* en vente partout. Prix 5 fr.

De la rue principale la vue s'étend au nord-est sur la vallée
du Sebaou et sur les montagnes des *Beni-Djennad,* que domine
le *Tamgout* aux flancs couverts de forêts de chênes-lièges. En
longeant extérieurement le fort on a la vue vers l'ouest : les
crêtes des *Douïla* et des *Beni-Mahmoud* (Enfants de Mahmoud);
plus loin la chaîne de *Timezerit,* les montagnes des *Flissa ;* un
peu plus à l'ouest : le *Tegrimoun,* les montagnes des *Beni-Khal-
foun,* le *Bou-Zegza,* et, aux limites de l'horizon, les monts de
Blida et de Médéa. Vers le Sebaou, le fort et le bourg de Tizi-
Ouzou, qu'on dirait à ses pieds, la gorge du Sebaou entre le
Belloua et le massif des *Aïssa-Mimoun,* et par delà, par un
temps clair, on entrevoit la mer.

Ma le pittoresque et le grandiose sont au-dessus de toute
expression dans le panorama du Djurdjura, vu du rempart du
sud. On a devant ses yeux toute cette muraille gigantesque de
40 kilomètres de longueur dont les altitudes varient de 1.800 à
2.300 mètres. A l'ouest, la partie la plus massive, la plus com-
pacte, dont l'aiguille culminante, le *Tanngout-Haitzeur,* s'élève
à 2.130 mètres, Au.centre, le massif des *Aït-Inguen,* dont les
parties les plus élevées : le *Halouen* et le *Ras-Timedounine*
atteignent 2.300 mètres. A l'est du massif central se profilent
les rochers déchiquetés et dentelés du *Taletat* (1.950 m.). En
arrière de ces massifs se détache, en forme de cône, le pic (Tamgout) de *Lella-Khedidja,* 2.308 mètres. En continuant l'inspec-
tion du haut des remparts on voit, en avant de la grande chaine
les contreforts du massif kabyle profondément entaillés par des
ravins; les villages très nombreux se pressent sur les crêtes et

semblent autant de forteresses, ils sont d'ailleurs tous d'un abord très difficile. La population a une densité égale à celle des pays les plus peuplés de l'Europe; dans certaines tribus, comme celle des Beni-Yenni, les villages ont de 1.200 à 1.500 habitants.

Pour se rendre d'une tribu à l'autre, il faut suivre des sentiers qui paraissent impraticables à première vue, descendre dans ces ravins et les remonter avec la pente la plus forte qu'il soit possible de suivre; les mulets seuls sont capables de circuler sur ces sentiers.

Avec les GUIDES CONTY

impossible d'être embarrassé.

EN VENTE PARTOUT

26. De Fort-Nationa₁

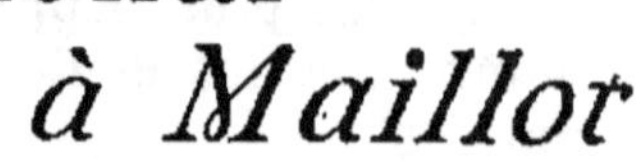

à Maillot

par le col de Tirourda.

74 kil.

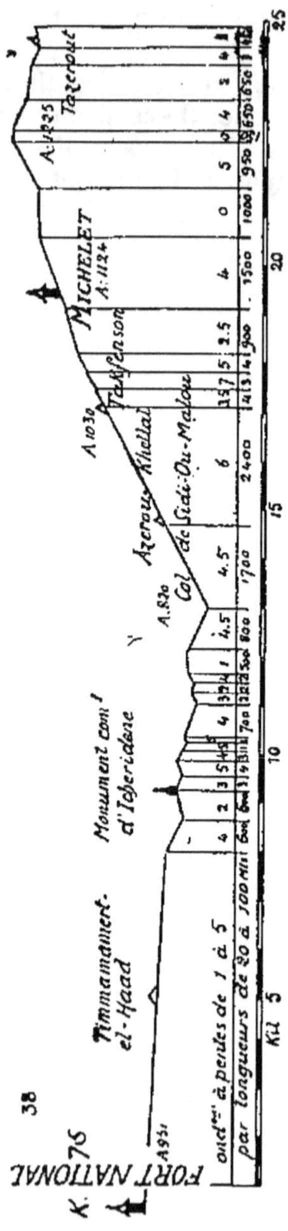

La route du Djurdjura suit le flanc du contrefort le plus important du massif kabyle, de sorte qu'on arrive au col de *Tirourda* (1.780 m.) sans avoir à traverser aucun de ces ravins qui rendent le parcours de ce pays si difficile. Les aperçus sur la chaîne du Djurdjura deviennent plus intéressants à mesure que l'on s'approche dans la direction sud.

Au 7ᵉ kilomètre, un chemin se dirige à droite vers les *Beni-Yenni* et les tribus des *Beni-Bou-Drar*; c'est la route à suivre pour se rendre au pied du Djurdjura, d'où l'on peut faire l'ascension du *Lella-Khedidja* (2.308 m.), en 5 heures on gagne les villages *Bou-Adenane* ou *Tala-N'Tazert*, d'où on peut partir le lendemain de bonne heure. Mais cette variante ne peut se faire qu'à dos de mulet et avec un guide kabyle. Un peu plus loin, au kilomètre 8,300, on laisse sur un mamelon élevé, à gauche de la route, le village d'*Ichériden*, l'un des derniers remparts de l'indépendance kabyle où la lutte fut vive en 1857 et en 1871. Une bonne route en rampe de 8 à 10 conduit sur un mamelon, dominant la route (1.065 m.) où est élevé un monument commémoratif en pierre blanche, sur laquelle sont gravés en lettres d'or les noms des officiers et soldats tués dans les combats

du 24 juin 1857 et du 24 juin 1871.

Au 11ᵉ kilo-mètre, est une maison cantonnière et au 14ᵉ kilomètre on franchit le petit col de *Tizi-Oumalou*. Au 15ᵉ kilomètre le village ka-byle d'*Azerou-Kellal* à droite de la route et un peu en con-trebas. On tra-verse ensuite *Tafenson* (kil. 17) et on

Michelet 1124 mètres Hammam). On proché de la jura de laquelle tement tous les lages kabyles les crêtes à des de 800 à 1.100

Dans certai-lages ont con-de forteresse leur position. tructions exté-nies par des tuent une en-les entrées sont

arrive à

(19 kil. 400), alt. (l'ancien Aïne-el-se trouve très rap-chaîne du Djurd-on distingue net-détails. Les vil-sont disposés sur altitudes variant mètres.

nes tribus les vil-servé ce caractère que leur donné Toutes les cons-rieures sont réu-murs qui consti-ceinte au village; peu nombreuses,

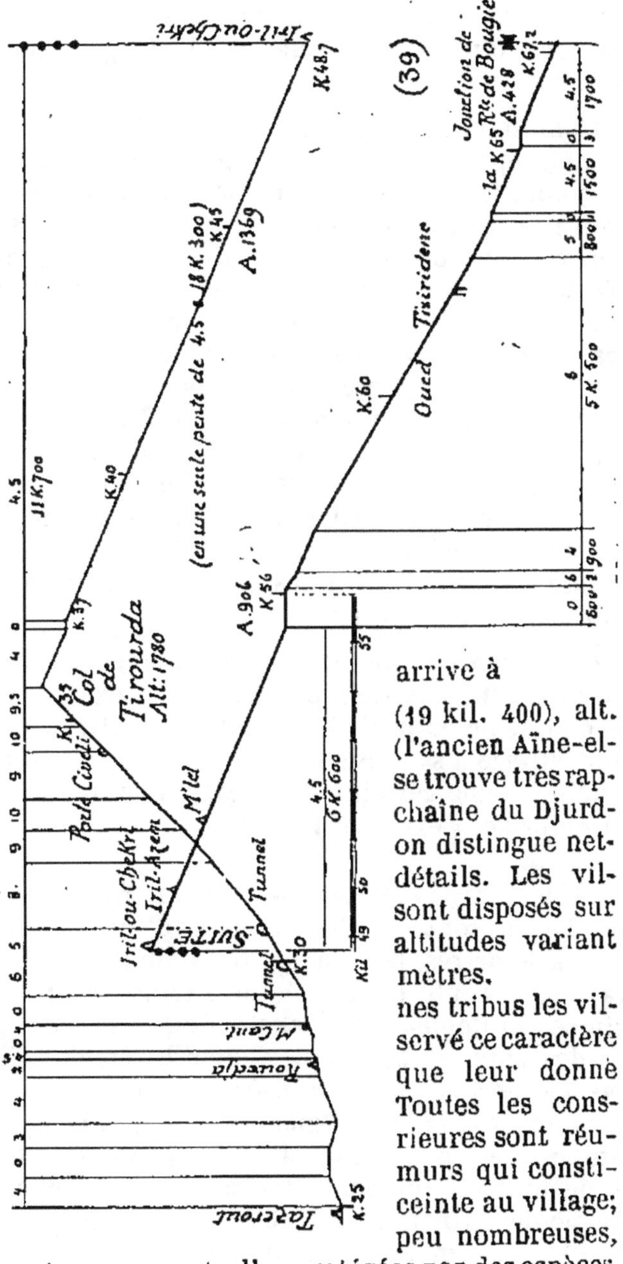

deux, trois au plus et encore sont-elles protégées par des espèces de poternes à l'ouverture si basse qu'un cavalier à mulet ne peut passer sans se baisser. Les rues des villages forment un dédale de voies étroites et tortueuses, le long desquelles les maisons sont continues.

L'habitation kabyle se compose généralement de deux bâtiments, séparés par une cour fermée ; les constructions sont en maçonnerie grossière, blanchies extérieurement à la chaux et couvertes de tuiles. Une pièce est toujours réservée aux étrangers ou aux hommes de la famille ; elle est ordinairement divisée en trois compartiments ; au milieu un terre-plein entouré sur les côtés de deux banquettes massives, maçonnées ; au centre, une cavité sert de foyer ; la fumée s'échappe par l'unique porte ou par les fentes du toit. Deux ou trois grandes jarres de 1^m,50 de hauteur sont placées dans les angles, elles renferment les provisions de blé, d'orge, de caroubes et de figues ; une ouverture dans le bas permet d'en sortir les provisions. Les deux autres compartiments, en contrebas du premier et séparés de celui-ci seulement par les poutres qui soutiennent la construction, servent d'étables pour les moutons, les vaches, les mulets et les chèvres.

La chambre de famille, où se tiennent les femmes et les enfants, et qui sert aussi de cuisine, se trouve généralement dans le deuxième corps de bâtiment, de l'autre côté de la cour. Chaque village a sa mosquée qui est une construction peu remarquable. Dans certains villages, un minaret assez élevé sert de mirador pour explorer l'horizon.

Note importante. — Sur la route du *col de Tirouda* les lacets sont nombreux, l'un d'eux ne compte pas moins de 5 kilomètres, les courbes innombrables sont d'un très faible rayon ; la route est bordée de ravins presque à pic et de précipices profonds. Le cycliste doit être constamment sur ses gardes pour ne pas rouler dans les ravins, il serait *extrêmement dangereux de se hasarder sur cette route sans un frein absolument sûr et efficace.* Nous conseillons aux cyclistes de n'entreprendre ce voyage qu'à deux ou trois et de se munir de vivres et de tout ce qui peut être nécessaire à une réparation ; cette partie de l'itinéraire est absolument inhabitée et très sauvage. Les Kabyles même ne fréquentent point cette route, ils préfè-

rent couper droit à travers les ravins par des sentiers mule-
tiers. *La circulation de nuit y serait des plus dangereuses.*

Après Michelet, on rencontre au 24ᵉ kil., le village de **Tiffer-
dont** et au 25ᵉ celui de **Tazerout**, puis on passe devant la
maison cantonnière (29 kil.) près du village de *Rourdja.* Cette
maison se trouve au pied de l'*Azerout-Tidjer,* au col de *Tizi-
N'Djemma,* entre deux ravins profonds, à droite celui de l'*Oued-
Djemma,* à gauche celui de l'*Oued-Zoubga.* A partir de ce point,
la route en forte rampe est mauvaise par suite des fréquents
éboulements, causés par la fonte des neiges (elle est impraticable en hiver où elle disparaît entièrement sous une épaisse
couche de neige). Elle passe sur le flanc des rochers de l'*Azerou-
Tidjer,* qu'elle a dû entamer par deux tunnels; à gauche, le
rocher tombe à pic dans le ravin qui a plus de 500 mètres de
profondeur.

Ce site extrêmement sauvage et grandiose ne peut être comparé avec aucun des autres pays montagneux, il a un cachet
absolument spécial.

Sur l'autre côté du ravin qui donne le vertige, s'élève l'aiguille de l'*Azerou-N'Tahor,* au N.-E., la verdoyante vallée de
la *Soummeur,* et au fond du ravin, les villages de **Tirourda** et
de **Taklich-N'Aït-Aksou**, qui vus de cette hauteur semblent
inaccessibles.

Le **Col de Tirourda** (35 kil., 600) (alt. 1.800 m.) marque
la limite orientale de la muraille du Djurdjura. C'est le désert
absolu, aucune habitation ne s'offre à la vue, aussi faut-il
apporter de quoi déjeuner, déjeuner pendant lequel on jouira
d'un panorama immense : sur le flanc S. de la chaîne, des
contreforts boisés des *Beni-Mellikeuch* et des *Beni-Ouakour,* au
pied, la vallée du Sahel; au loin dans la brume, le *Bordj de
Beni-Mansour,* en suivant du regard cette direction, on voit
à gauche les montagnes des *Beni-Abbès,* tribu importante et
remarquable par son industrie. Vers le S. se dessine nettement
le fameux défilé des *Portes de fer;* au S.-O., les montagnes
d'Aumale; au S.-E., les massifs qui bordent le plateau de la
Medjana, laissent vaguement deviner l'immensité du Sahara
au delà du Hodna; enfin à l'E., le chaos des montagnes de la
Petite-Kabylie et de la région de Sétif.

Du col de Tirourda, descente ininterrompue de 31 kilomètres, par une route de 4 mètres de largeur seulement.

Au 48ᵉ kilomètre on aperçoit quelques rares villages kabyles : **Tissanonine, Iril-Azem** et **M'lel**. Au 49ᵉ, limite du département ; au 62ᵉ, *Tixeridene* à droite, et au 67ᵉ, jonction avec la route de Bougie ; on tourne à droite, la route traverse l'*Oued-Ouakour*, après lequel on la quitte (voir le petit plan du profil n° 49, page 67) pour remonter, à droite, le chemin qui longe la rive droite de ce ruisseau et conduit à **Maillot** (74 kil.). Hôtel modeste. Station à 5 kil. dans la vallée.

Conseils aux cyclistes peu disposés aux fatigues des longues
et pénibles montées.

Pour s'épargner 12 kilomètres de montée, il faut prendre l'itinéraire n° 24 en sens contraire. En partant d'*El-Kseur*, la montée au col de Tagma n'est en effet que de 25 kilomètres tandis qu'elle est de 35 du côté d'*Azasga*. Voici une combinaison très avantageuse pour les amateurs de longues descentes : *1ᵉʳ jour :* se rendre à *Sétif* par le train de Constantine qui part d'Alger à 7 h. 55 du matin, dîner et coucher à Sétif. *2ᵉ jour :* à bicyclette, à Bougie, dîner, coucher. *3ᵉ jour :* visite de Bougie et du *Cap Carbon*, départ à El-Kseur par le train de 5 heures, dîner et coucher à El-Kseur. *4ᵉ jour :* à bicyclette, déjeuner à la maison cantonnière du 36ᵉ à Kebouch (emporter quelques victuailles, car on n'y trouve que le vin, le pain, une omelette au lard et le café) ; dîner et coucher à l'auberge de *Yakouren*. *5ᵉ jour :* partir à pied par l'intérieur de la forêt, guidé par l'aimable aubergiste, qui fera conduire les machines par des indigènes, au point où l'on rejoindra la route ; déjeuner à *Tizi-Ouzou*.

Quant aux itinéraires nᵒˢ 25 et 26 on peut les combiner avec les nᵒˢ 20, 27 et 28. *1ᵉʳ jour :* prendre le chemin de fer jusqu'à *Maison-Carrée*, où on arrive par le premier train à 6 h. 54, déjeuner à *Menerville*, dîner et coucher à *Palestro*. Le *2ᵉ jour* partir de *Palestro* par le train de Constantine à *Bouïra*, déjeuner. Après déjeuner, à bicyclette à *Tazmalt*, trajet tout en descente ; dîner, coucher. Dans cette localité, se procurer de bons mulets et partir le *3ᵉ jour* à dos de mulet, en suivant les sentiers kabyles, à travers les ravins. Ne pas faire porter les machines par des mulets, elles risqueraient d'être mises hors d'usage dans les passages étroits et difficiles. Ce sont les indigènes propriétaires des mulets qui doivent porter les bicyclettes sur leurs épaules qu'ils garnissent d'ailleurs contre la pression du cadre par leurs burnous pliés en épaisseur. Nous avons fait à trois cette excursion de cette manière, en allouant à chaque Kabyle 3 fr. 50 pour sa peine et pour son mulet. Se munir chacun d'un revolver, qui, tout en ne servant point, est un excellent compagnon de route dans cette contrée. *Point important :* ne payer les Kabyles qu'à l'arrivée au Col.

On descendra ensuite à *Michelet;* dîner, coucher.

Le *4e jour :* déjeuner à *Fort-National,* coucher à *Tizi-Ouzou.* Le *5e jour,* descendre à bicyclette au *Camp-du-Maréchal,* y prendre le tram à vapeur et se rendre à *Dellys ;* déjeuner; le soir, *Tigzirt* et retour à Dellys à bicyclette, coucher. Enfin le *6e jour,* on rentre à Alger soit par le chemin de fer soit à bicyclette jusqu'à *Maison-Carrée* (96 kil.).

Touristes !

Voulez-vous voyager sans ennuis ?

Ne voyagez pas 

sans les GUIDES CONTY

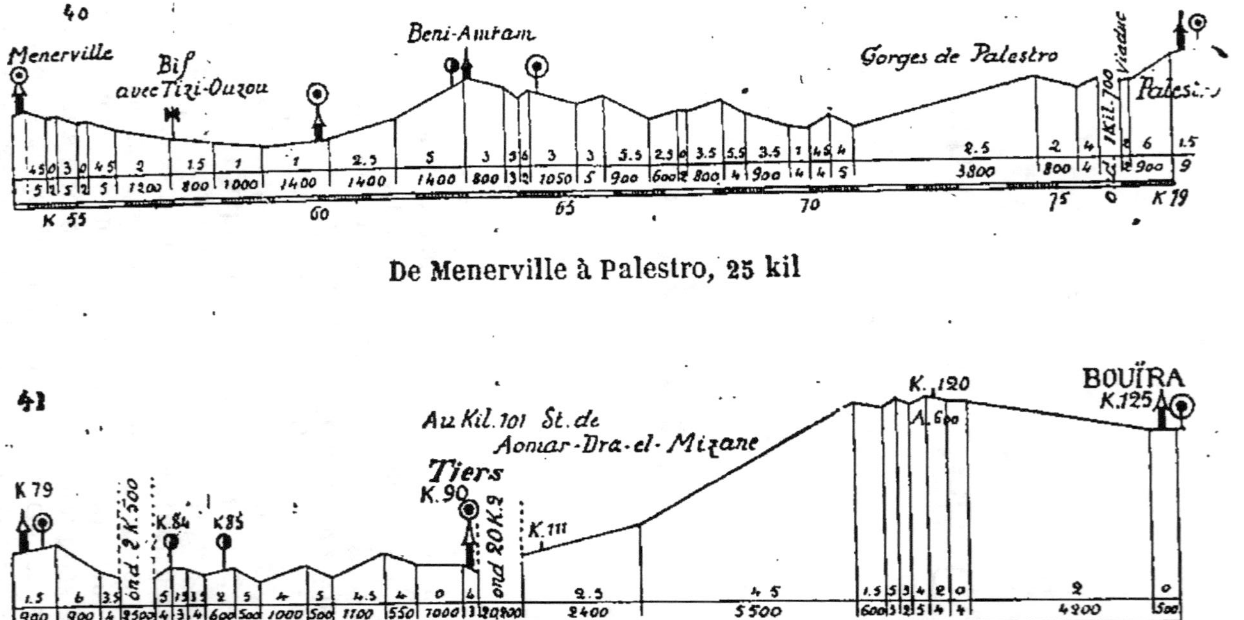

De Menerville à Palestro, 25 kil

De Palestro à Bouïra, 89 kil.

27. De Menerville
à Palestro

25 kil.

Au sortir de Menerville, 3 kil. de descente conduisent à la fourche formée par les routes départementale et nationale. Se diriger à droite pour atteindre rapidement

Souk-el-Hâad (*le Marché-du-Dimanche*, 6 kil.), la route suit la vallée de l'*Oued-Isser* et arrive par une montée de 2 kil. à *Beni-Amram* (*les fils d'Amram*), bâti au milieu de magnifiques oliviers. La route se rapproche ensuite de l'*Isser* et entre dans l'étroite coupure qu'on nomme les *Gorges de Palestro*. Au fond, à gauche, l'Isser roule ses eaux boueuses, sur l'autre rive court la ligne du Chemin de fer de Constantine, presque toujours en tunnel. De nombreuses cascades se précipitent dans la rivière ; au 20ᵉ kil. un tunnel, après lequel la route franchit par un pont en fer l'Oued-Isser. C'est la sortie des gorges. Au 24ᵉ kil. la route passe sur un grand viaduc du chemin de fer et atteint, par une forte mais courte rampe, le village de

Palestro (25 kil.), 79 kil. d'Alger. Ce village a une page d'histoire tristement célèbre ; attaqué par les Kabyles et les Arabes pendant l'insurrection de 1871, les habitants, réfugiés dans l'église, se défendirent avec un brillant courage, mais sans vivres et sans munitions, ils durent se rendre. 58 personnes furent massacrées, les autres furent emmenées comme otages. Par une marche hardie, le colonel Fourchault arriva enfin, mais il ne restait plus que des cendres et des cadavres. Pour les renseignements, consulter notre Guide *Algérie-Tunisie*, en vente partout. Prix : 5 francs.

28. De Palestro à Maillot

89 kil.

De Palestro à *Thiers* (11 kil., station) (voir profil page 60), route monotone. A 10 kil. de cette dernière localité, on laisse le chemin de *Ben-Haroun* à droite (sources gazeuses et ferrugineuses) et on passe près de la station d'*Aomar-Dra-el-Mizane* (21 kil., borne 101 kil.), qui est à gauche de la route. C'est le début de la montée de *Bouïra*.

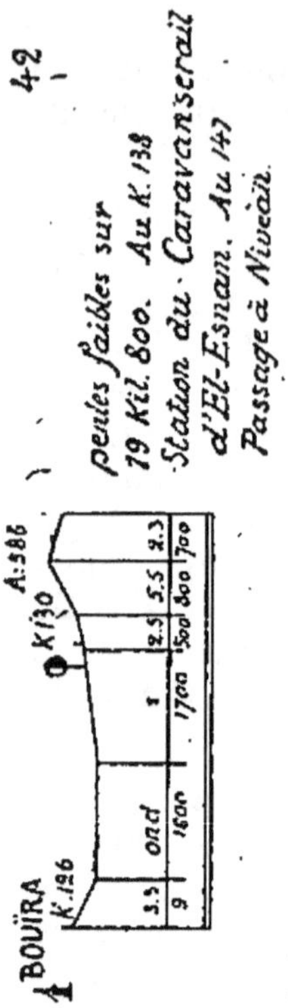

La route s'élève d'abord en pentes douces sur environ 10 kil. franchit l'*Oued-Djeber*, puis atteint au 41e kil. un col sous lequel la ligne ferrée passe en tunnel, et duquel elle descend en pente douce à

Bouïra (46 kil.), station : ce centre commande l'entrée de la Grande Kabylie par sa situation. Consulter notre Guide *Algérie-Tunisie*, en vente partout. Prix : 5 francs.

Le Caravansérail d'El-Esnam, *station* (59 kil.).

El-Adjiba, *station* (73 kil.). Depuis Bouïra on aperçoit le versant S. de la chaîne du Djurdjura, dont on n'est séparé que par la vallée de l'*Oued-Sahel*, et on distingue bien les divers sommets en avant du massif principal : l'*Aourirt-Fertas*, 1.610 m. puis le *Djebel-Tachagalt*, 2.174 m.; plus loin, à gauche, le *Tizi-Goulmin*, le *Djebel-Taouïalt* et la cime dominante du *Lella-Khedidja*, 2.310 m.

On arrive ensuite à la bifurcation de la route nationale avec le chemin de grande communication n° 3, de *Beni-Mansour* à *Bougie*. (Point kilométrique 163 kil. 200). A droite, à quelques cents mètres est la station de *Maillot* ; en tournant à gauche on franchit l'*Oued-Sahel* sur un pont en fer et on arrive à

Maillot (08 kil., à 168 kil. d'Alger), centre peu important, mais bâti dans un site charmant. Sources thermales dans les environs. Ascension du Lella-Khedidja.

Pour le profil d'El-Adjiba à Maillot, voir page 72, le profil 43.

29. De Bougie à Sétif
par les gorges du Chabet-el-Akra.
111 kil.

Au sortir de *Bougie*, on descend jusqu'en face de la gare, puis on suit la route de *Beni-Mansour* jusqu'à la borne 3 kil. 500, où l'on tourne à gauche, puis traversant un passage à niveau (route nationale n° 9 de Bougie à Sétif), on franchit peu après la *Soumam* sur un pont en fer ; à ce point on laisse à droite le chemin de l'*Oued-Amizour*. La route passe toujours à plat entre le bord de la mer et une rangée de hautes collines au versant abrupt, au milieu de riches vignobles, parsemés d'épais massifs d'orangers, d'où émergent de gracieuses villas. Franchissant successivement les *Oueds Djemmâa* et *Zitoun*, on arrive au *Cap Aokas*, dont la route contourne l'immense cône de près de 500 mètres de hauteur. Arrivé au point culminant (24 kil., altitude de la route au-dessus de la mer, 66 m.), *se méfier de la descente rapide*, qui débute à ce point *immédiatement après un tournant très brusque.* Auberge. Laissant ensuite la propriété

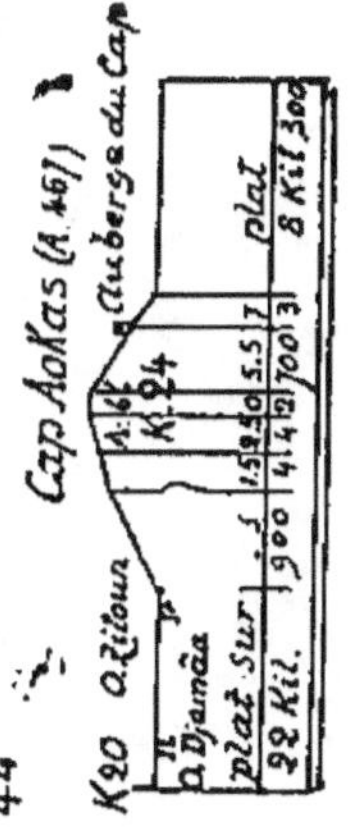

de *Sidi-Réhan* à droite, on traverse la petite forêt d'*Ashrıt*, au 35e kil., près de l'embouchure de l'*Oued-Agrioun* (à gauche, la nouvelle route de Djidjelli), la route, par un tournant brusque, se dirige vers le S. et le touriste tourne le dos à la mer ; il entre dans la sauvage et pittoresque vallée de l'Oued-Agrioun ; la route s'élève rapidement au milieu d'une luxuriante végétation et de sources limpides, et domine la vallée.

Sur la rive opposée se dressent la haute cime du *Tabo Kalt* (1.900 m.), le *Tababar* et l'*Achouaou* avec leurs crêtes dentelées, tandis que le *Djebel-Agouf* et le *Bau-Kouma* dominent la route à droite. Au kil. 50, la petite auberge des Beni-Ismaël, en face d'un étroit vallon, où est situé le *Bordj du Caïd Hassem*, près d'une superbe cascade. Passant ensuite entre les monts *Adrar-Amellal* (1.780 m.), et l'*Iril-Tachouaft* (1.200 m.), la route entre au kil. 51 dans les célèbres *Gorges du Chabet-el-Akra* (*Ravin de la Mort* ou *Défilé de l'Agonie*), longues de 7 kil., qui sont une des merveilles de l'Algérie et peut-être du monde entier.

Cette partie de la route, œuvre d'art gigantesque, a été construite de 1863 à 1870 par le service des Ponts et Chaussées. Deux murailles de rochers verticales, dont la hauteur varie de 800 à 1.300 m., et au fond d'un abîme étroit et sombre, l'*Oued-Agrioun*, précipitant ses eaux jamais taries, en ressauts, chutes et cascades, roulant dans ses replis des roches arrachées aux parois de son lit trop étroit et jetant dans l'espace son éternel mugissement que l'écho transforme en un roulement de tonnerre. Entaillée dans les parois du roc ou suspendue en encorbellement au-dessus du sinistre gouffre, la route serpente en lacets aux tournants parfois à angles si aigus que les voitures sont obligées de les franchir au pas.

Ces gorges, qui n'ont pas moins de 7 kil. de longueur, présentent une dépression de 1.600 m. entre l'*Adrar-Amellal* (Montagne-Blanche) et le Djebel *Koucht* (cratère.) De nombreuses bandes de singes et une

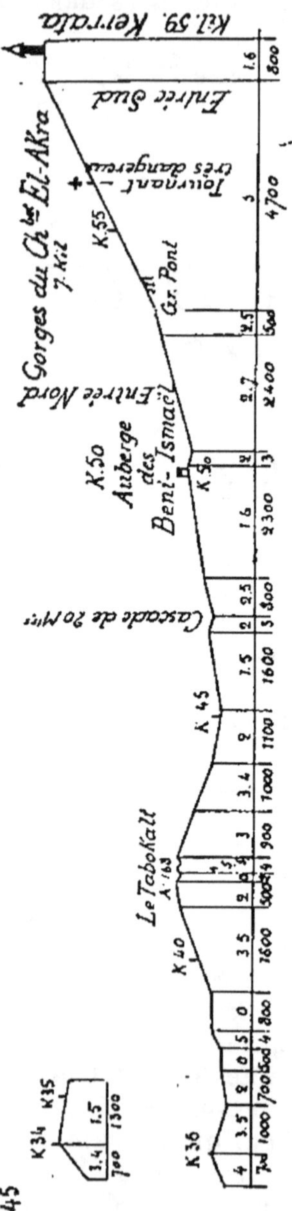

multitude de pigeons ramiers peuplent cette solitude, où, en beaucoup d'endroits, le soleil n'a jamais pénétré. Vers le milieu des gorges (kil. 54,300), la route franchit le torrent sur un pont en maçonnerie de sept arches. Ce pont, qui partout ailleurs aurait un aspect grandiose, paraît minuscule au milieu des murailles gigantesques qui le surplombent.

A remarquer en face du 56ᵉ kil. de la route sur la rive opposée une inscription sur une roche plate, un peu au-dessus du lit du torrent, donnant les noms des officiers et soldats (tirailleurs) qui ont les premiers traversé ces gorges en 1864, le 7 avril, un peu après l'ouverture des travaux.

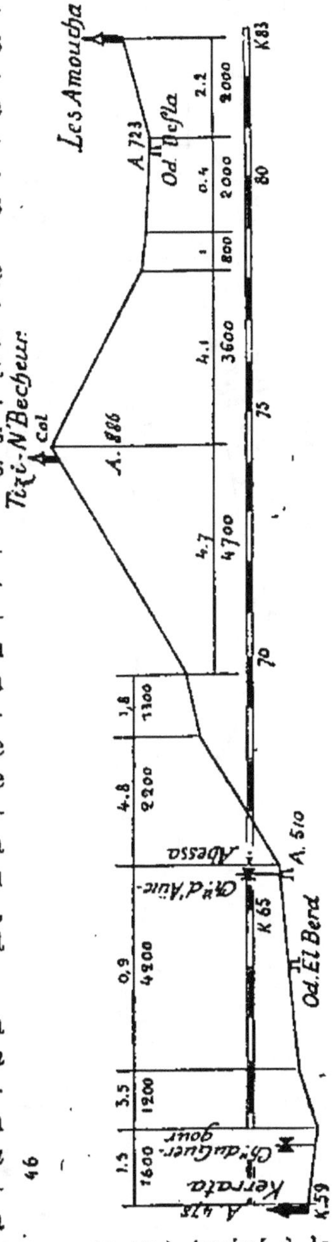

Kerrata (59 kil.) ; la route, en sortant de cette localité, franchit l'Oued-Agrioun, qui prend le nom de l'*Oued-El-Berd*, laisse peu après le chemin d'*Aïne-Abessa* à droite et s'élève en rampe dure de 8 kil. au col de *Tizi-N'Becheur* (74 kil.) ; à droite sur une hauteur à 1 kil. 500 de la route, le Bordj de *Takitoun*, résidence de l'Administrateur de la commune mixte, et à gauche, un peu en dessous du niveau de la route, une source d'eau gazeuse, dont l'eau, excellente pour la table, est très appréciée dans toute la contrée.

Les Amoucha (83 kil.), puis la route atteint le col *Teniet-el-Tinn* (1.170 m.), point culminant, pour redescendre en pente douce vers *Sétif* en passant par les villages d'*El-Ouricia* (98 kil.) et *Fermatou* (106 kil.). Au kilomètre 105 s'embranche, à droite, la route d'*Aïne-Abessa* (chemin de gr. comm. nº 15.) Arrivé à la borne 107 k., qui est placée au point de la bifurcation de ce chemin et de la route nationale, on laissera la route nationale à droite pour prendre le chemin n° 15 qui, abrégeant considérablement (de 4 kil.) la route, conduit le cycliste par le petit col de *Bel-Air* à

Sétif (111 kil.), petite ville construite sur l'emplacement de l'antique Setifis-Colonia, capitale mauritanienne. C'est un centre historique très important. Sous-préfecture et subdivision militaire.

Consulter notre Guide *Algérie-Tunisie*, en vente partout. Prix : 5 francs.

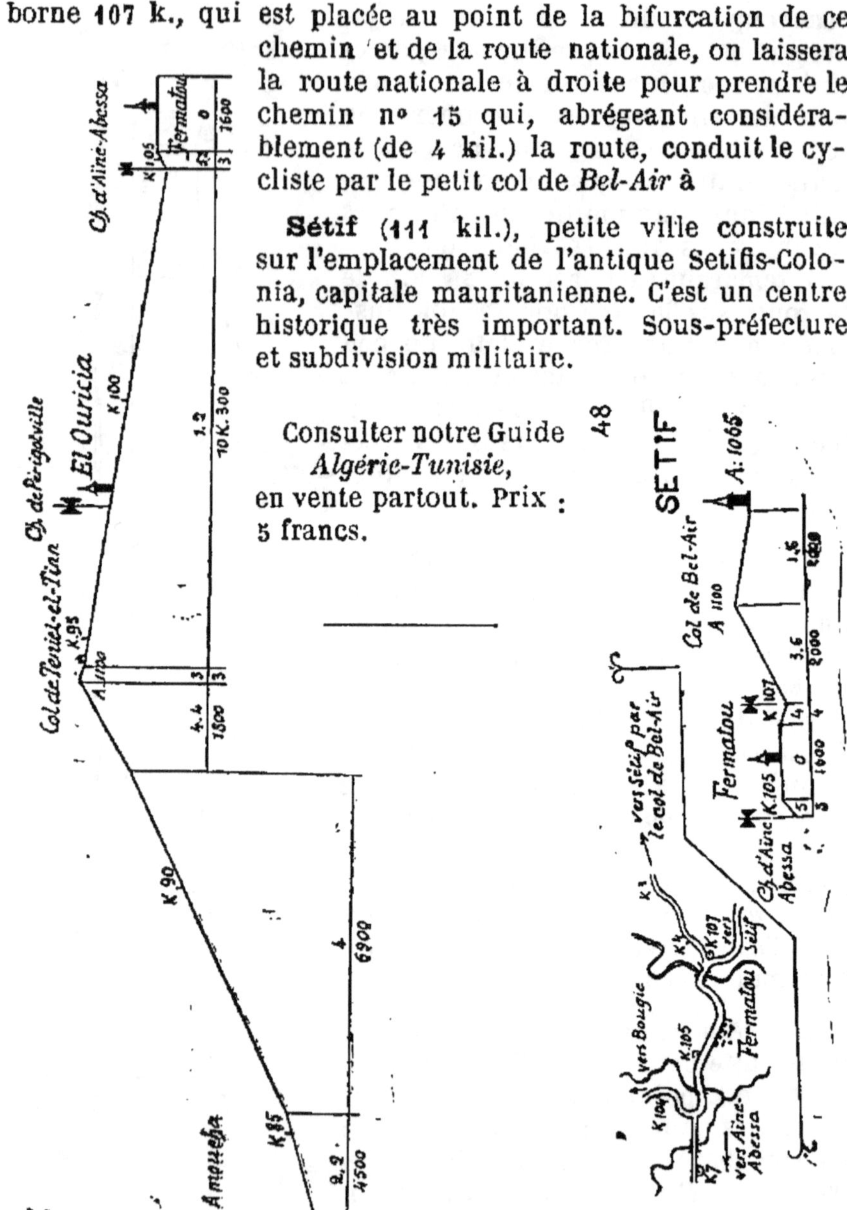

30. De Maillot à Bougie

par la vallée de la Soumame.

100 kil.

Nous donnons le profil et la description succincte de cet itinéraire pour les cyclistes qui désirent combiner cet itinéraire avec ceux des nᵒˢ 20, 21, 28, 29, 30 et 23 à 27.

On descend de *Maillot* par le chemin qui longe la rive droite de l'*Oued Ouakour* sur 3 kil., puis au pont de cet oued qui se trouve sur la grande route, on tourne à gauche et on trouve 4 kilomètres plus loin le chemin qui monte au *Col de Tirourda* (itinéraire nᵒ 26). Plus loin la route franchit l'*Oued N'Chakroun*, limite du département d'Alger, et arrive à

Tazmalt (14 kil.); 1 kilomètre plus loin passage à niveau, puis un second passage à niveau à 3 k. 400 du premier, après lequel on arrive à la station d'*Allagan*.

Au 25ᵉ kilomètre on franchit les bras de l'*Oued* ou l'*Irzer-Illoula*, et, contournant le cône avancé de l'*Adrar-Gueldamoun* (ruines romaines), on arrive à

Akbou (31 kil.), centre très important, résidence d'un administrateur de commune mixte.

Au 48ᵉ kilomètre, la station de *Takriecht*.

Sidi-Aich (53 kil.), station, bâtie au fond d'un cirque de montagnes boisées. La route passe ensuite au *Rocher de Plâtre* par une grande tranchée, traverse l'*Oued Rhinila*, laisse

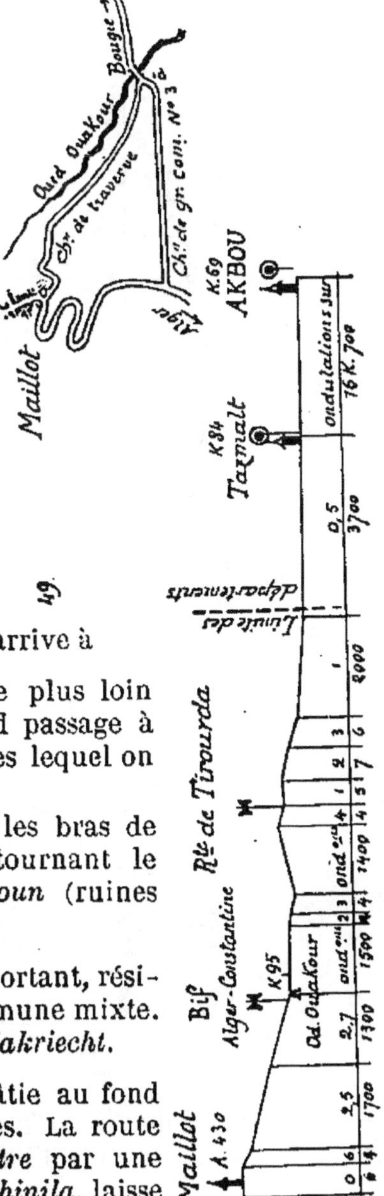

la station d'*Il-Maten* à droite et arrive au 71ᵉ kilomètre aux

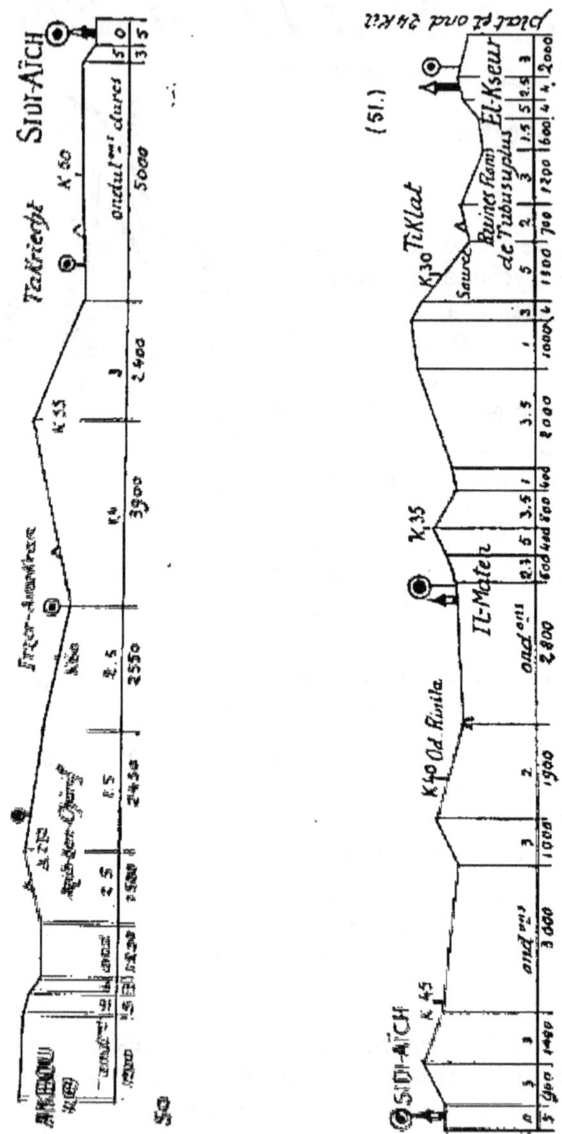

ruines romaines de *Tiklat* (voir l'itinéraire n° 24). Suivre cet itinéraire pour la partie d'El-Kseur à Bougie.

31. De Sétif à Kerrata

par Aïne-Abessa.

62 kil.

Nous donnons cet itinéraire pour les cyclistes qui ne voudront retourner à Kerrata par le chemin déjà parcouru, le trajet se fait presque entièrement en descente, la partie en montée douce est la plus courte.

Descendre de *Sétif* par le chemin du col de Bel-Air, chemin de gr. com. n° 15 (voir le petit plan du cliché 48, page 66) et laisser au pont de l'*oued Skeïmaïa* (borne 104 k. 600), la route nationale à droite, pour suivre tout droit la montée douce de 10 kilomètres jusqu'à la borne 16 k. (alt. 1.225 m.). C'est de ce point que commence une descente de 38 kilomètres; à la borne 18 k. 700 on laisse le chemin du village d'*Aïne-Abessa* à gauche (ce village est sans ressources).

A la borne 33 k. 500 (4 kil. plus loin) part à gauche le chemin d'*Aïne-Roua* (maison cantonnière, de *Talaouart*), continuer à droite la

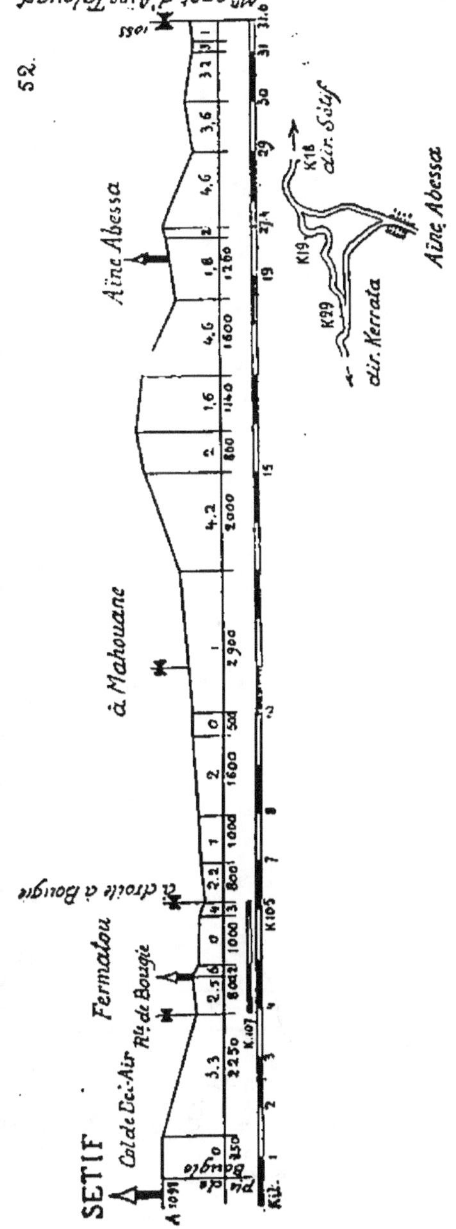

descente. Le chemin aboutit à la route nationale n° 9 de Bougie à Sétif à son point kilométrique 65 k. 800, tourner à gauche, traverser le pont de l'*Oued El-Berd* et continuer jusqu'à *Kerrata* (62 kil.) Le reste de l'itinéraire par les gorges du *Chabet-El-Akra* est le même que celui du n° 29.

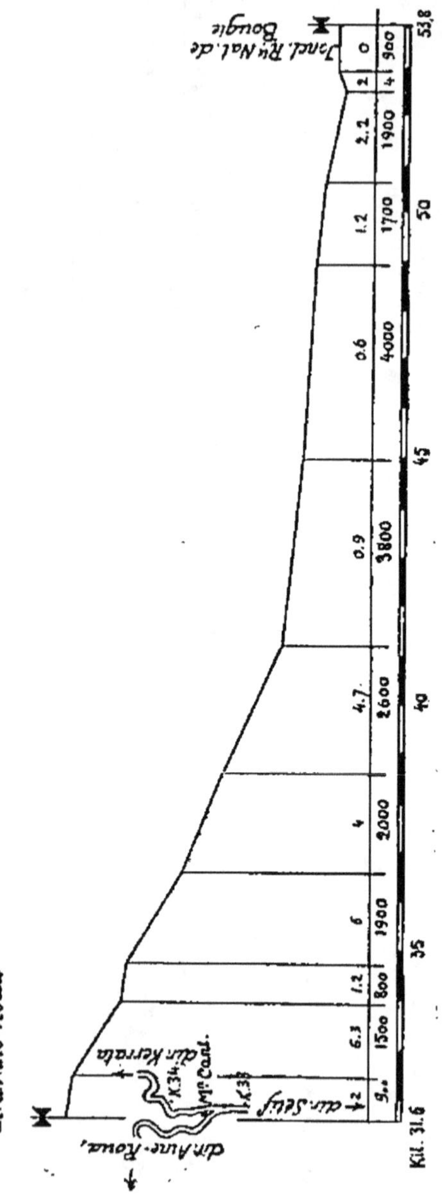

32. De Sétif à El-Kseur

*par Aïne-Roua
et la route des Caravansérails.*

111 kil.

Suivre, à partir de *Sétif,* d'où l'on sort par la porte de Bougie, l'itinéraire n° 31 jusqu'à la borne 33,500 (maison cantonnière de *Talaouart*), prendre à gauche la route montante qui franchit peu après le pont d'*Aïne-Sfa* et le col d'*Aïne-Sfa (Col des Lions),* passe au col de la ferme Arnold et arrive au village d'**Aïne-Roua** (32 kil.). Le site est très montagneux et sauvage.

Nous ne donnons ici que le profil jusqu'au col *Aïne-Mergoum* où cette route nouvellement créée rejoint celle dite : des *caravansérails.*

Cette route, dont le profil est extrêmement dur et mouvementé, est très intéressante mais très pénible ; elle ne doit être suivie que par plusieurs cyclistes réunis, car elle ne traverse plus après *Aïne-Roua* aucun centre européen jusqu'à l'*Oued-Amizour.* Plusieurs oueds doivent être franchis à gué. Cette route, à partir du 42° kil., est impraticable pour les automobiles.

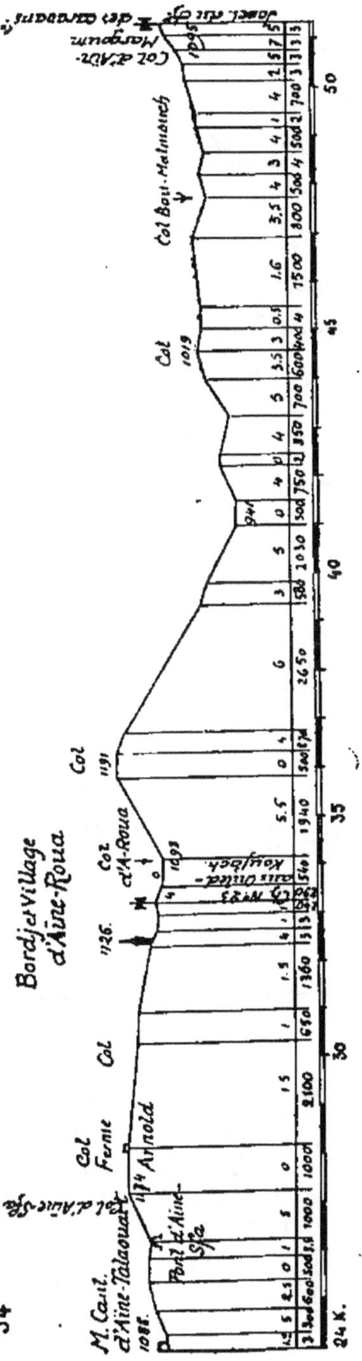

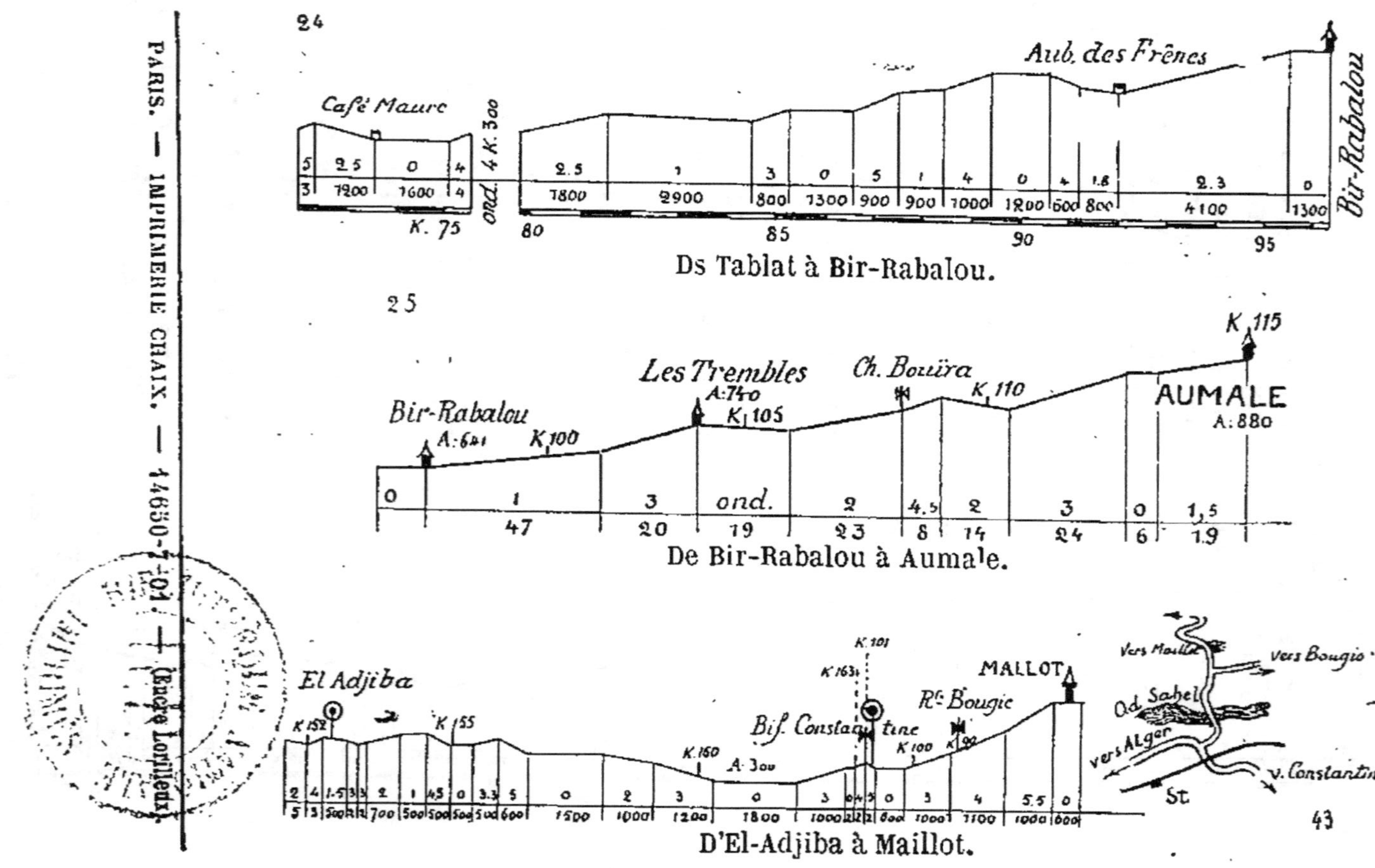

Café Maure
Aub. des Frênes
Bir-Rabalou
Ds Tablat à Bir-Rabalou.
Les Trembles
Ch. Bouïra
Bir-Rabalou
AUMALE
De Bir-Rabalou à Aumale.
El Adjiba
Bif. Constantine
Rte Bougie
MALLOT
Od Sahel
vers Alger
Vers Maillot
Vers Bougie
v. Constantine
St
D'El-Adjiba à Maillot.

DE L'ASSURANCE

La question des assurances est de très grande importance en matière d'automobilisme.

En admettant même que le conducteur d'une voiture à propulseur mécanique ou d'un motocycle soit doué de la plus grande habileté, il n'en reste pas moins le risque pouvant résulter de l'imprudence ou de la mauvaise volonté des tiers circulant sur la voie publique.

Il ne faut pas perdre de vue ce fait que les chauffeurs en général ne sont pas considérés avec bienveillance par le public à l'heure actuelle.

Celui-ci leur reproche, en effet, des imprudences ou des exagérations de vitesse que quelques-uns justifient malheureusement.

Dans ces conditions, la foule qui se groupe à la suite d'un accident est toujours portée à donner tort au chauffeur malheureux et il est rare qu'il trouve des témoins favorables.

L'assurance est donc indispensable.

Comment la contracter ?

La première chose à faire est de s'adresser à un spécialiste connaissant à fond la question et à même de faire un contrat inattaquable garantissant intégralement contre toutes les éventualités que présente le sport automobile.

Les Assurances spéciales s'occupent spécialement de ces questions, sous la direction d'un assureur connaissant à fond les contrats des Compagnies et les dérogations que nécessitent les clauses des conditions générales des polices.

Il est donc bon que tout propriétaire de voiture automobile s'adresse aux Assurances spéciales pour s'assurer convenablement et qu'en tous cas il ne s'assure jamais avant de l'avoir consulté sur les offres qui lui sont faites, tant au point de vue de la rédaction même des contrats, qu'en ce qui concerne les conditions de prix demandées.

S'adresser aux :

ASSURANCES SPÉCIALES AUTOMOBILES

20, rue Taitbout,

Paris.

Cyclo-Touriste Algérie. 1904.

CONCOURS DE TOURISME DU T. C. F. A TARBES

(18 AOUT 1902)

FISCHER monté sur une machine B. S. A. (munie du moyeu roue libre, freins rétrograde et avant B. S. A.) est arrivé " *par deux fois premier* " au sommet du col du Tourmalet, battant ainsi en côte et en palier toutes les machines munies de changement de vitesse.

BROWN BROTHERS Limited.

Seuls dépositaires.

PARIS, 31, rue de la Folie-Méricourt.

PARIS. — IMPRIMERIE CHAIX. — 1204-1-04. — (Encre Lorilleux).

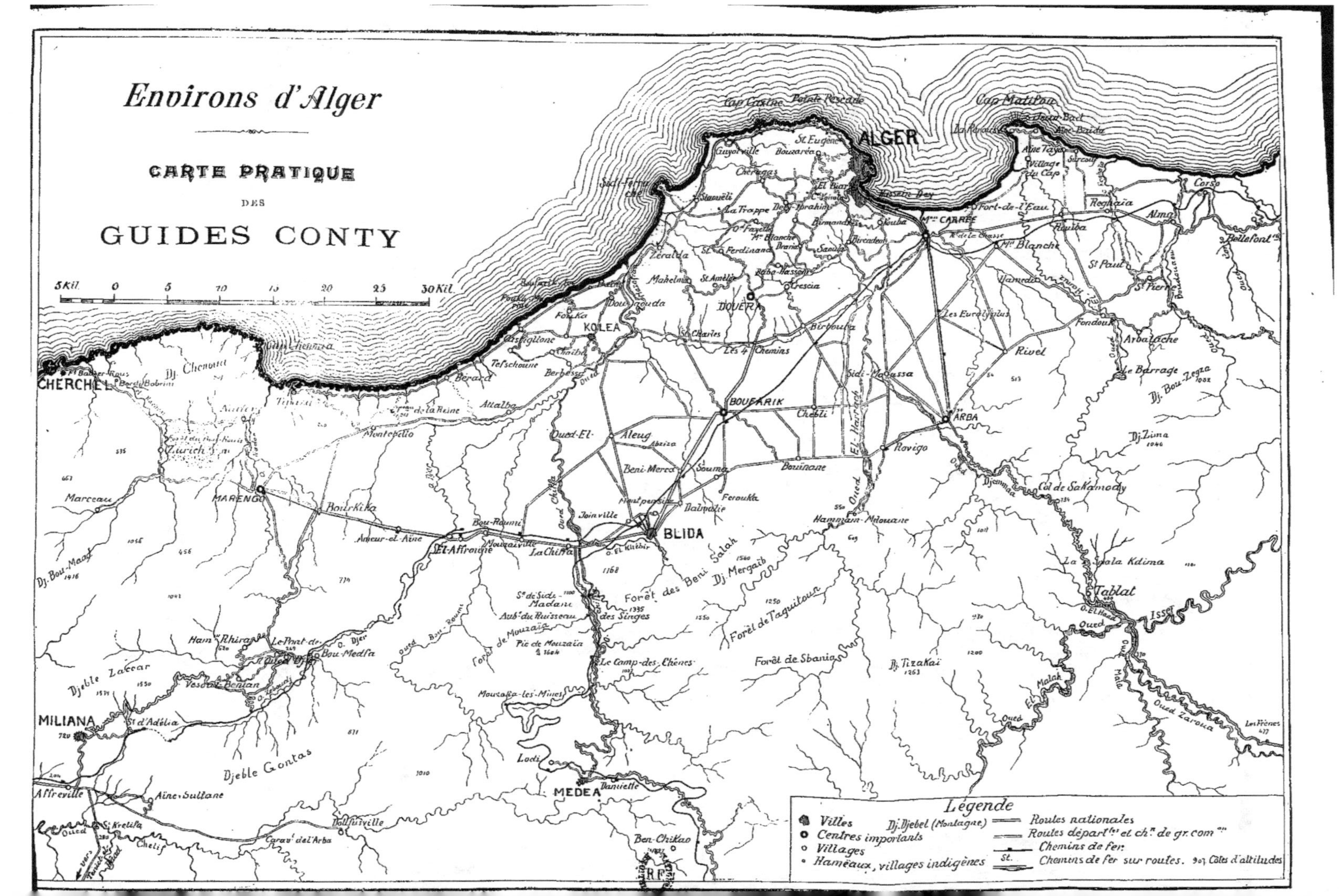

Environs d'Alger
CARTE PRATIQUE
DES
GUIDES CONTY
ALGER
BLIDA
BOUFARIK
KOLEA
MEDEA
MILIANA
CHERCHEL
MARENGO
ARBA
Djebel Gontas
Djebel Zaccar
Forêt de Sbaria
El-Harrach
Légende
Villes
Centres importants
Villages
Hameaux, villages indigènes
Dj. Djebel (Montagne)
Routes nationales
Routes départementales et ch. de gr. com.
Chemins de fer
Chemins de fer sur routes
Côtes d'altitudes

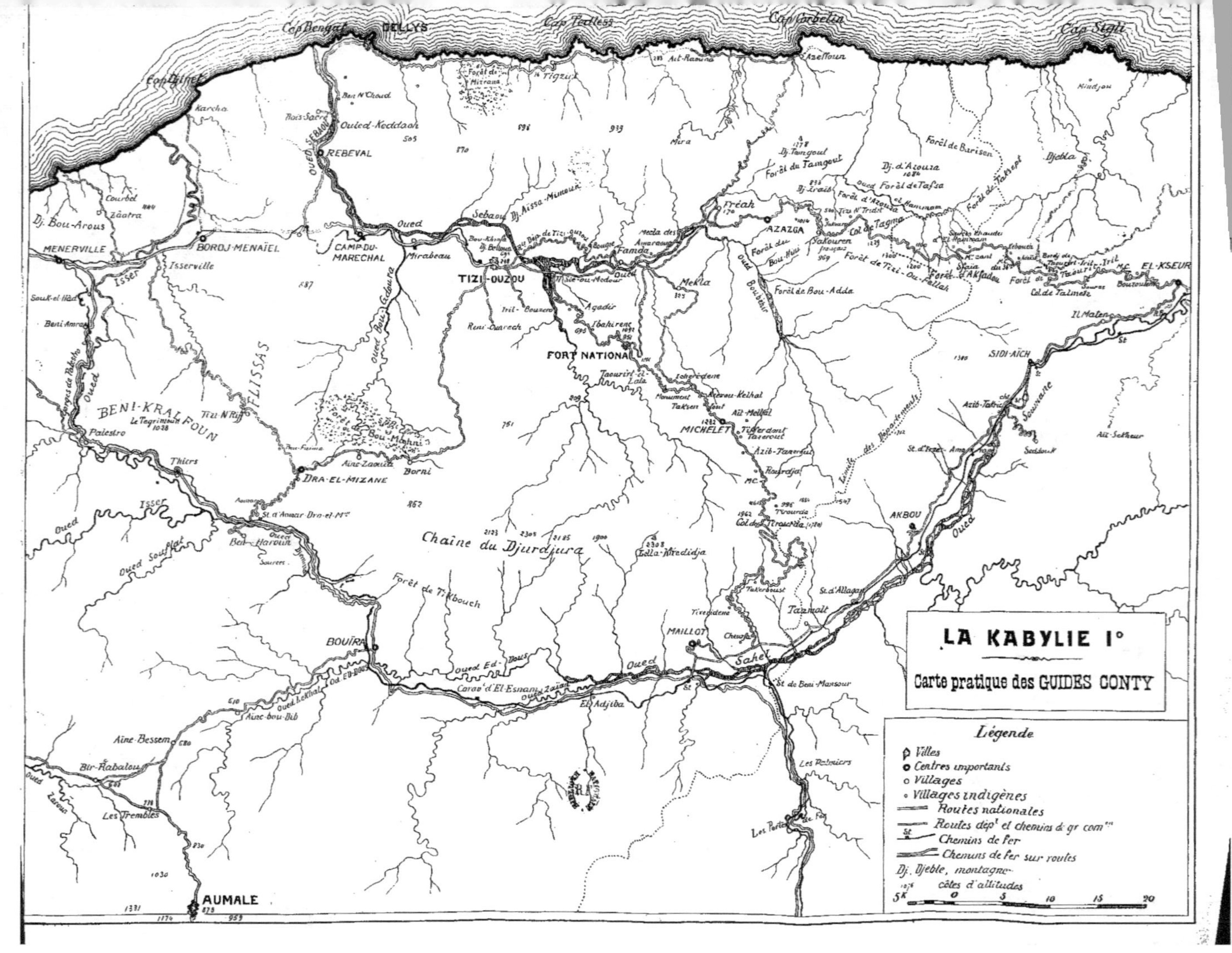

LA KABYLIE 1°
Carte pratique des GUIDES CONTY
Légende
Villes
Centres importants
Villages
Villages indigènes
Routes nationales
Routes dép¹ el chemins d. gr com⁴⁴
Chemins de fer
Chemins de fer sur routes
Dj. Djeble, montagne
côtes d'altitudes
AUMALE
BOUÏRA
Aïne-Bessem
Bir-Rabalou
Les Trembles
Aïne-bou-Bib
El-Adjiba
Carav d'El-Esnam
Oued Ed-Bous
Forêt de Tikbouch
Chaîne du Djurdjura
Lella-Khredidja
DRA-EL-MIZANE
Borni
Aïne-Zaoula
Thiers
Palestro
BENI-KRAL FOUN
Le Tagrimisn
Isser
Beni-Amran
Souk-el-Had
MENERVILLE
Dj. Bou-Arous
Cap Djinet
Karcho
BORDJ-MENAÏEL
CAMP-DU-MARECHAL
Mirabeau
REBEVAL
Oued Sebaou
Ouled-Keddach
Ben N'Choud
Cap Bengut
DELLYS
Cap Tedless
Cap Corbelin
Cap Sigli
Aït-Raouna
Azeffoun
Mira
FLISSAS
TIZI-OUZOU
Sebaou
Dj. Aïssa-Mimoun
Fréah
AZAZGA
Forêt de Tamgout
Dj. Tamgout
Dj. d'Azouza
Forêt d'Azouza
Forêt de Tafsa
Forêt de Takhest
Djebla
Forêt de Barisen
Famda
Mekla
Forêt de Bou-Adda
MICHELET
FORT NATIONAL
Agadir
Iril-Bouzero
Beni-Ouareah
Taourirt-el-Lala
Tazerout
Aït-Mellal
Azib-Tanarsut
Koudja
Col de Tirourda
Tirourda
AKBOU
EL-KSEUR
SIDI-AÏCH
Souname
Il-Malen
Col de Talmele
Forêt de Tizi-Ou-Fallah
Forêt d'Akfadou
Aït-Sekheur
Tazmalt
MAILLOT
Sahel
St de Beni-Mansour
Les Portes de Fer
Les Palmiers
5K 0 5 10 15 20

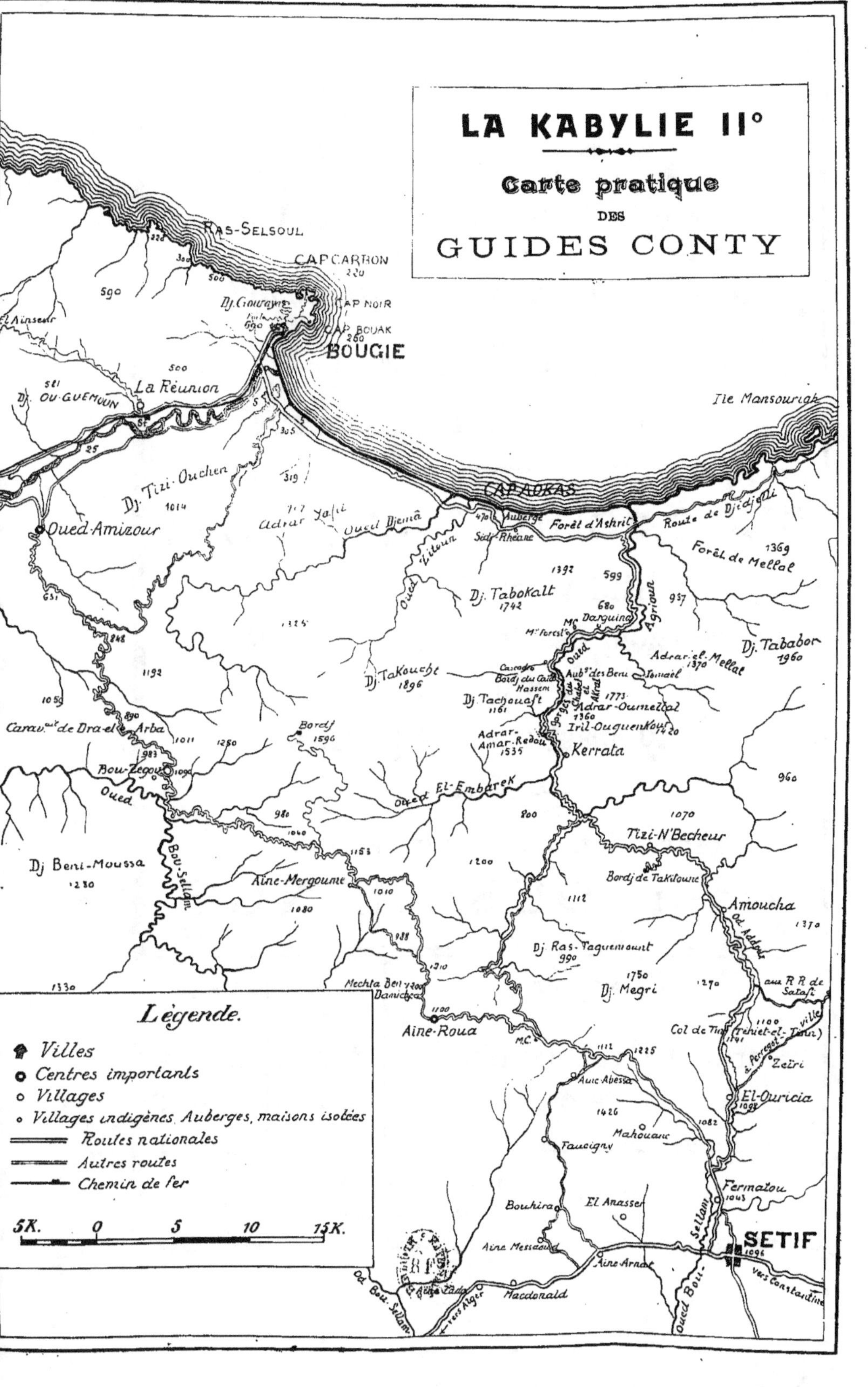

LA KABYLIE II°
Carte pratique
DES
GUIDES CONTY

RAS-SELSOUL
CAP CARBON
CAP NOIR
CAP BOUAK
BOUGIE
Dj. Gouraya
El Ainseur
La Réunion
Dj. Ou-Guemoun
Ile Mansouriah
Dj. Tizi-Ouchen
Adrar Yafi
Oued Djemâ
CAP AOKAS
Oued-Amizour
Auberge
Forêt d'Ashril
Route de Djidjelli
Sidi-Rhéane
Forêt de Mellal
Dj. Tabokalt
Agrioua
Mc Darguina
Dj. Tababor
Adrar el Mellal
Mon Forest
Dj. Takoucht
Cascade
Bordj du Caid Hassem
Aub. des Beni Ismaël
Dj. Tachouast
Adrar-Oumellal
Iril-Ouguenkout
Adrar-Amar-Redou
Kerrala
Ouet El-Embarek
Tizi-N'Becheur
Dj Beni-Moussa
Bou-Zegou
Bou-Sellam
Oued
Bordj de Takiloune
Amoucha
au R.R. de Satafi
Carav. de Dra-el-Arba
Bordj
Aine-Mergoume
Dj Ras-Taguemount
Dj. Megri
Col de Tini (Teniet-el-Tnin)
Zeïri
Mechta Beni Damichta
Aine-Roua
M.C.
Autc Abessa
El-Ouricia
Faucigny
Mahouane
Bouhira
El Anasser
Fermatou
Aine-Messaoud
Aine-Arnat
SETIF
vers Alger
Macdonald
vers Constantine
Oued Bou-Sellam

Légende.
Villes
Centres importants
Villages
Villages indigènes Auberges, maisons isolées
Routes nationales
Autres routes
Chemin de fer
5K.   0   5   10   15K.

GUIDES PRATIQUES CONTY

12, RUE AUBER, PARIS (9e)

ÉDITION FRANÇAISE

Guides pour la France

Algérie-Tunisie.......	5 »	Paris en poche........	2 50
Bretagne-Ouest.......	3 »	Environs de Paris.....	2 50
Réseau du Nord.......	3 »	Réseau de l'Est.......	2 50
Le Centre	3 »	Réseau de l'État......	2 50
Paris-Marseille	3 »	Les Pyrénées	2 50
Dauphiné	3 »	La Méditerranée	2 50
Bords de la Loire.....	3 »	Aix-les-Bains	1 50
Normandie	2 50	Vichy en poche.......	1 50
Basse-Bretagne.......	2 50	Rouen et le Havre....	1 »

Guides pour l'Étranger

Bords du Rhin........	4 »	Haute-Savoie et Valais	3 »
La Belgique	3 »	Le Luxembourg	1 50
La Hollande..........	3 »	Bruxelles.............	1 »
Londres en poche.....	3 »	Spa	1 »
Suisse circulaire I....	3 »	Ostende	1 »
Suisse circulaire II..:	3 »	Iles Anglo-Normandes	1 »

ÉDITION ANGLAISE

Pocket-Guide to Paris.	2/6	Paris to Nice...........	2/6
Environs of Paris......	1/6	Belgium..............	2/6

Plans pratiques Conty

La Clef de Paris.................... 1 »
Plan de Paris (le Petit Poucet)....... » 60

Cyclo-Touristes

Publiés sous le patronage du **Touring-Club de France.**

Sur la Côte d'Azur.................. 2 »
En Algérie .... 2 »

Dépôt du guide Franco-Américain pour les États-Unis. 3 50

En vente partout. — *Envoi contre mandat ou bon de poste adressé à l'Administration des* **GUIDES CONTY, 12, rue Auber, Paris (9e).**